点亮自信的蜡烛

张俊红◎编著

新疆美术摄影出版社
新疆电子音像出版社

图书在版编目(CIP)数据

点亮自信的蜡烛 / 张俊红编著. -- 乌鲁木齐 : 新疆美术摄影出版社:新疆电子音像出版社, 2013.4
ISBN 978-7-5469-3889-9

Ⅰ. ①点… Ⅱ. ①张… Ⅲ. ①自信心 - 青年读物②自信心 - 少年读物 Ⅳ. ①B848.4-49

中国版本图书馆 CIP 数据核字(2013)第 071380 号

点亮自信的蜡烛　　主　编　夏　阳

编　　著　张俊红
责任编辑　吴晓霞
责任校对　李　瑞
制　　作　乌鲁木齐标杆集印务有限公司
出版发行　新疆美术摄影出版社
　　　　　新疆电子音像出版社
地　　址　乌鲁木齐市经济技术开发区科技园路 7 号
邮　　编　830011
印　　刷　北京新华印刷有限公司
开　　本　787 mm × 1 092 mm　　1/16
印　　张　15.25
字　　数　218 千字
版　　次　2013 年 7 月第 1 版
印　　次　2013 年 7 月第 1 次印刷
书　　号　ISBN 978-7-5469-3889-9
定　　价　45.80 元

目录

第一章　点亮烛光，让自信之光照亮心灵

著名的诗人流沙河是这样描述自信的：“自信是石，敲亮星星之火；自信是火，点燃熄灭的灯；自信是灯，照亮前行的路；自信是路，引人走向黎明。”

自信是灯，照亮前行的路

著名的诗人流沙河是这样描述自信的："自信是石，敲亮星星之火；自信是火，点燃熄灭的灯；自信是灯，照亮前行的路；自信是路，引人走向黎明。"

是的，我们生命中的每一个黎明都是从自信的地平线上升起的，每一座成功的金字塔都是由自信的石块砌成的。做一件事如果没有信心，那么你就失败了一半；相反，如果你充满了自信，那么你就成功了一半。如果一个人在自信的情况下失败了，那他会更加发奋努力，因为他有坚韧的追求成功、期待成功的信念；如果因为不自信而失败，那他只会处于焦虑状态而无可奈何。

范德·比尔特说过："一个充满自信的人，他的事业总是成功的；而没有自信的人，永远不会踏进事业的门槛。"这句话使我们不由得想起这样一则故事：

罗杰·罗尔斯是纽约历史上第一位黑人州长。他出生在声名狼藉的大沙头贫民窟，这里的孩子成天无所事事、东游西逛，罗杰就是其中的一位。但是，小学时期的一位校长改变了罗杰的命运。有一天当罗杰·罗尔斯从窗户上跳上跳下、伸出小手走上讲台时，校长皮尔保罗说："我一看你修长的小手指，就知道你将来是纽约州的州长。"罗杰·罗尔斯大吃一惊，因为自己长这么大，还是第一次被表扬，并且是校长的表扬，这着实出乎他的意料。从此他信心倍增，纽约州州长就像一面旗帜，深深地印在了脑海中，他时刻以州长的身份要求自己。51 岁那年，他真的成了纽约州的州长。他在就职演说时说："在这个世界上，自信这个东西任何人都可以免费获得，所有的成功者都是从一个小小的自信开始的。"

校长的一句预言使罗杰·罗尔斯产生了自信，并且坚定了自己的信念，最后梦想成真。

自信是成功的一半。或者说，自信是成功的第一步。古往今来，许多人之所以失败，究其原因，不是因为无能，就是因为不自信。自信，使不可能成为可能，使可能成为现实。不自信，使可能变成不可能，使不可能变成毫无希望。

毕淑敏说过："我并没有魅力，但我拥有自信。世界上最受欢迎的人从来不是那种不停地往后看着昨天的脚印悲伤、失败和惨痛挫折的人，而是那种怀着信心、希望、勇气和愉快地求知欲而放眼未来的人。"

当自信充满你的心间的时候，成功就离你不远了。因为，一分自信，一分成功；十分自信，十分成功。自信，就是通向成功的通行证。

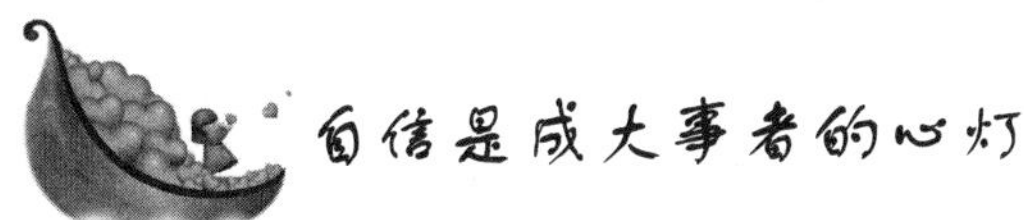

自信是成大事者的心灯

自信是成大事者的心灯。从前，在非洲，有一个农场主，一心想要发财致富。一天傍晚，一位珠宝商前来借宿。农场主对珠宝商提出了一个藏在他心里几十年的问题；"世界上什么东西最值钱？"

珠宝商回答道："钻石最值钱！"

农场主又问："那么在什么地方能够找到钻石呢？"珠宝商说："这就难说了。有可能在很远的地方，也有可能在你我的身边。我听说在非洲中部的丛林里蕴藏着钻石矿。"

第二天，珠宝商离开了农场，四处去收购他的珠宝去了。农场主却激动得一宿未合眼，并马上作出一个决定，将农场以最低廉的价格卖给一位年轻的农民，就匆匆上路，去寻找远方的宝藏。

第二年，那位珠宝商再次路过农场，晚餐后，年轻的农场主和珠宝商在客厅里闲聊。突然，珠宝商望着书桌上的一块石头两眼发亮，并郑重其事地问农民这块石头是在哪里发现的。农民说就在农场的小溪边发现的，有什么不对吗？珠宝商非常惊奇地说这不是一块普通的石头，这是一块天然钻石！随后，他们在同样的地方又发现了一些天然钻石。后来经勘测发现，整个农场的地下蕴藏着一个巨大的钻石矿。而那位去远方寻找宝藏的老农场主却一去不返，听说他成了一名乞丐，最后跳进尼罗河里了。

这个故事不论在过去，还是在未来，都告诉我们：宝藏不在远方，宝藏就在我们心中，给我们一个充满强烈自信的原动力。

在人生的旅途上，我们可以停下来，静静地想想我们自己：在整个世界上，我是独一无二的，没有任何人会跟我一模一样，为了实现我的使命，我已从祖祖辈辈的巨大积蓄中继承了成功所需的一切潜在力量和才能，我的潜力无穷无尽，犹如深埋地下的钻石宝矿。

我们每个人身上都有巨大的潜力等待我们去开发，去利用。专家认为，我们人脑的信息储存量大约相当于5亿册图书的信息。一般人整个一生都只运用了其总体的4%，而世界最伟大的理论物理学家爱因斯坦也只开发了其全部智慧的15%。为此，美国心理学家卢果感叹道："我们最大的悲剧不是恐怖的地震、连年的战争，而是千千万万的人们活着然后死亡，却从未意识到存在于他们头脑中未开发的巨大潜能。"

妨碍人们充分发挥出自己大脑的智慧潜能，不是人们常说的智商的高低，而是我们的情绪、我们的心态造成的。我们每个人身上都带着一把可打开宝藏的"金钥匙"，是一把双刃剑，它有两个面，一面刻着五个字"积极的心态"，另一面也刻着五个字"消极的心态"。积极的心态创造生活，使我们走向健康、成功、幸福、财富；而消极的心态则毁灭人生，使人背离一切有价值的东西。

在奥斯威辛集中营里，有一位犹太人，身处毒气、饥饿、严寒、疾病等残酷环境中，有一天他在雪地里艰难工作时，夕阳斜照在巴伐利亚高大树林，他想到了以前他和妻子一起在自家阳台上观看同样景色的快乐心情时，他突然有了一个全新的发现，人在任何环境下都有选择自己人生态度的自由。后来他出狱后成了一名世界闻名的精神学家。所以，影响我们人生成功和幸福的绝不是所处的环境或所受的遭遇，而是我们对这些事保持什么样的心态。

因此，不管发生什么事，只要成大事者树立用积极的心态去看待它，并赋予那件事以积极的意义，成大事者整个人生就会有革命性的改变。对成大事者而言，最重要的事是抛开一切恐惧和自我设限，努力用积极的心态去填满成大事者的心，积极的心态有助于激发心中的勇气和干劲。坚定不移的积极心态是化思考为力量的源泉，是突破自我限制，创造新人生境界的原动力。有了积极的心态，就为成大事者的人生点亮了一盏成功的心灯。

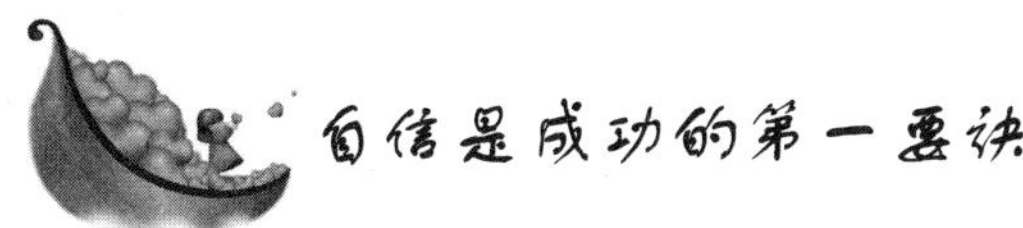

自信是成功的第一要诀

“依靠自己，相信自己，这是独立个性的一种重要成分。”米歇尔·雷诺兹说道，“是它帮助那些参加奥林匹克运动会的勇士夺得了桂冠。所有的伟大人物，所有那些在世界历史上留下名声的伟人，都因为这个共同的特征而属于一个家庭。”

的确如此，如果有坚强的自信，往往能使平凡的男男女女，做出惊人的事业来。胆怯和意志不坚定的人，即使有出众的才干、优良的天赋、高尚的品格，也终难成就伟大的事业。据说拿破仑亲率军队作战时，战斗力便会增强一倍。原来，军队的战斗力在很大程度上基于士兵对于统帅的敬仰和信心。如果统帅抱着怀疑、犹豫的态度，全军便要混乱。拿破仑的自信和坚强，使他统率的每个士兵增加了战斗力。

与金钱、势力、出身、亲友相比，自信是更有力量的东西，是人们从事任何事业最可靠的资本。自信能排除各种障碍、克服种种困难，能使事业获得完美的成功。自信心态者往往都承认自己的魅力和相信自己的能力，总是能够大胆、沉着的处理各种棘手的问题，在外表看去，则比较开朗、活泼。

著名发明家爱迪生曾说：“自信是成功的第一秘诀。”阿基米德、居里夫人、伽利略、张衡、竺可桢等历史上广为人知的科学家，他们所以能取得成功，首先因为有远大的志向和非凡的自信心。一个人要想事业有成、做生活的强者，首先要敢想。敢想就是确立自己的目标，就要有所追求。不自信决不敢想，连想都不敢想，当然谈不上什么成功了。著名数学家陈景润，语言表达能力差，教书吃力，不合格。但他发现自己长于科研，于是增添了自信心，致力于数学的研究，后来终于成为著名的数学家。

其次是敢干。只是敢想还很不够，目标只停留在口头上，无论如何也是不能实现的。一个自信心很强的人，必定是一个敢干的人，敢于行动的人。他决不会对生活持等待、观望的消极态度，而丧失各种机遇。他会在行动中、实践中展示自己的才华。当然这里说的敢想、敢于，都不是盲目的，更不是主观主义的空想、蛮干。德国精神学专家林德曼用亲身实验证明了这一点。

1900 年 7 月，林德曼独自驾着一叶小舟驶进了波涛汹涌的大西洋，他在进行一项历史上从未有过的心理学实验，预备付出的代价是自己的生命。林德曼认为，一个人要对自己抱有信心，就能保持精神和肌体的健康。

当时，德国举国上下都关注着独舟横渡大西洋的悲壮冒险，已经有一百多名勇士相继尝试均遭失败，无人生还。林德曼推断，这些遇难者首先不是从肉体上败下来的，主要是死于精神崩溃、恐慌与绝望。为了验证自己的观点，他不顾亲友的反对，亲自进行了实验。在航行中，林德曼遇到难以想象的困难，多次濒临死亡，他眼前甚至出现了幻觉，运动感觉也处于麻痹状态，有时真有绝望之感。但是只要这个念头一出现，他马上就大声自责：“懦夫！你想重蹈覆辙，葬身此地吗？不，我一定能成功！”终于，他胜利渡过了大西洋。

将自信作为一切的根基

自信是一个人成就大事的前提，成就大事的人都是因为有了自信，而获得了行动的力量。他们克服和消除自卑，发展自己的优势，扬长避短，发挥了自身的潜能。

历史上那些伟大的人物，如阿基米德、伽利略、居里夫妇、钱学森等科学家，他们之所以能取得成功，首先就是因为他们有远大的志向和非凡的自信心。

一个孩子要想未来事业有成、做生活的强者，首先要敢想。连想都不敢想，自然谈不上什么成功了。

著名交响乐指挥家小泽征尔，在一次欧洲指挥大赛的决赛中，按照评委会给他的乐谱指挥演奏时，发现有不和谐的地方。他认为是乐队演奏错了，就停下来重新演奏，但仍不如意。于是，他认为是乐谱错了。这时，在场的作曲家和评委会的权威人士，都郑重地说明乐谱没有问题，而是小泽征尔的错觉。面对着一批权威人士，他思考再三，突然大吼一声："不，一定是乐谱错了!"话音刚落，评判台上立刻报以热烈的掌声。

原来，这是评委们精心设计的圈套，以此来检验指挥家们在发现乐谱错误，并遭到权威人士"否定"的情况下，能否坚持自己的正确判断。前两位参赛者虽然也发现了问题，但终因犹豫而遭淘汰。

米歇尔·雷诺茨曾说："依靠自己，相信自己，这是独立个性的一种重要成分。"

与金钱、势力、出身、亲友相比，自信是更有力量的东西，是我们从事任何事业最可靠的力量。自信能排除各种障碍，克服种种困难。自信者往往相信自己的能力，总是能够大胆、沉着地处理各种难题。有了自信，就不会在突发事件面前慌张，就不会惧怕挑战。

曾有这样一个实验：一个教育界的权威人士，把一个学习优秀

的学生当做学习成绩较差的学生来对待，而将一个成绩不好的学生用优秀学生的心态来教导。在期末考试的时候，出现了这样的结果：本来是两个成绩相差甚远的学生，在考试的平均成绩上竟然相差无几。

这个实验明确无误地证明了自信心对一个人的主要影响。用对待好学生的态度来对待差学生，使学生的自信心得到鼓励，因而学习积极性大增；而原来的好学生受到教师怀疑态度的影响，信心受挫，影响了学习成绩。

索菲亚·罗兰的话说得好："充满自信的丑，超过缺乏自信的美。"索菲亚承认她自己并不美，她的嘴很大，面部长相平平，但别人之所以觉得她美，她之所以会在事业上取得巨大的成功，首先是她自我感觉好，对自己充满信心，相信自己很美。

成大事者总是将自信作为一切的根基。自信心对一个人一生所起的作用往往是巨大的，无论在智力上，还是在其他方面。

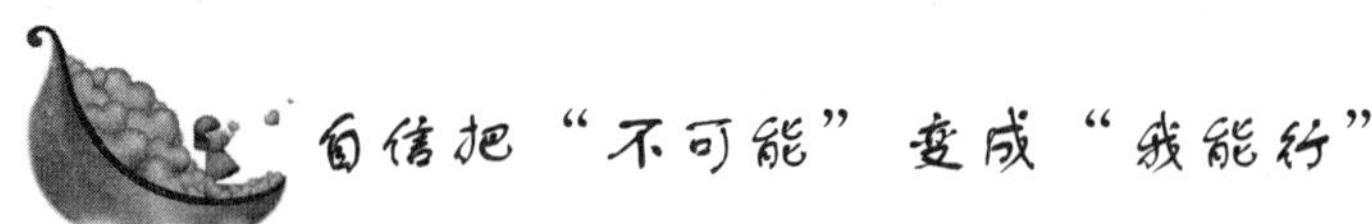

自信把"不可能"变成"我能行"

1926年，毕业于东京大学法律系的大村文年进入"三菱矿业"成为小职员。

当公司新人举行欢迎会时，他对那些与他同时进入公司的同事说："我将来一定要成为这家公司的总经理。"

一番豪言壮语之后，他开始了自己的长远计划。他凭借旺盛的斗志与惊人的体力，数十年如一日，孜孜不倦地工作，后来远远超过众多资深的干部与同事，在毫无派系背景的情况之下，完全凭借本人实力，冲破险境，终于在35年之后当上"三菱矿业"的总经理。

以三菱财阀的历史而言，未到60岁就成为直系公司的总经理，可说是史无前例。

他的就职，的确惊动日本工商界人士，内心无不惊讶，并深感佩服。无独有偶，在 1949 年，一个 24 岁的年轻人，充满自信地走进美国通用汽车公司，应聘做会计工作，只是因为父亲曾说过“通用汽车公司是一家经营良好的公司”，并建议他去看一看。

在应试时，他的自信使助理会计检察官印象十分深刻。当时只有一个空缺，而应试员告诉他，那个职位十分艰苦难当，一个新手可能很难应付得来。但他当时只有一个念头，即进入通用汽车公司，展现他足以胜任的能力与超人的规划能力。

当应试员在雇用这位年轻人之后，曾对他的秘书说过，“我刚刚雇用一个想成为通用汽车公司董事长的人!”

这位年轻人就是从 1981 年时出任通用汽车董事长的罗杰·史密斯。

罗杰刚进公司的第一位朋友阿特·韦斯特回忆说：“合作的一个月中，罗杰正经地告诉我，他将来要成为通用的总裁。”高度的自信，指示他要永远朝成功迈进，也是引导他经由财务阶梯登上董事长位置的法宝。

一个自信的人，会把“不可能”三个字，变成“我能行”这三个字。无数事实证明，谁拥有了自信，谁就成功了一半，另一半成功则是靠付诸行动。

世上没有完不成的心愿，也没有办不到的事情，只有我们想不到的事情和不愿意去做的事情。不管你的心愿有多少，也不管它们有多么不可思议，只要你愿意，只要你用心去努力，就会有实现的一天。

美国西部的个小乡村，一位家境清贫的少年在 15 岁那年，写下了他气势不凡的《一生的志愿》：“要到尼罗河、亚马逊河和刚果河探险；要登上珠穆朗玛峰、乞力马扎罗山和麦金利峰；驾驭大象、骆驼、鸵鸟和野马；探访马可·波罗和亚历山大一世走过的道路，主演一部《人猿泰山》那样的电影：驾驶飞行器起飞降落；读完莎士比亚、柏拉图和亚里士多德的著作；谱一部乐曲；写一本书；拥有一项发明专利；给非洲的孩子筹集 100 万美元捐款……”

他洋洋洒洒地一口气列举了 127 项人生的宏伟志愿。不要说实现它们，就是看一看，就足够让人望而生畏了。

少年的心却被他那庞大的《一生的志愿》鼓荡得风帆劲起，他的全部心思都已被那《一生的志愿》紧紧地牵引着，并让他从此开始了将梦想转为现实的漫漫征程。他一路风霜雪雨，硬是把一个个近乎空想的夙愿变成了一个个活生生的现实，他也因此一次次地品味到了搏击与成功的喜悦。44 年后，他终于实现了《一生的志愿》中的 106 个愿望……

他就是上个世纪著名的探险家约翰·戈达德。

当有人惊讶地追问他是凭借着怎样的力量，让他把那许多注定的“不可能”都踩在了脚下时，他微笑着如此回答：“很简单，我只是让心灵先到达那个地方，随后，周身就有了一股神奇的力量，接下来，就只需沿着心灵的召唤前进了。”

只有自己才能拯救自己的心灵

美国历史上最著名的总统林肯说过：“人下决心想要愉快到什么程度，他大体上就能够愉快到什么程度。你能够决定自己的心灵，控制自己的思想。在这个世界上，唯一能够搭救你的人，就是你自己。”

查理的工厂倒闭了，他的事业一败涂地。他感到灰心极了，在街上百无聊赖地走着，不知道自己该怎么办，不知道自己人生的方向在哪里。他想要从亲友那里筹措资金东山再起，可是亲友们不肯向他伸出援手。绝望的查理走进了酒吧，把自己灌得大醉。人们开始嫌恶他，在所有人的眼中，查理都是一个失败者。查理也认为自己的人生就此完结了，他放弃了努力。

有一天，查理听到别人说，有一位智者能够帮助他。查理心里又有了一丝希望。于是，他找到了智者，诉说了自己的苦闷，然后满怀希望地请求智者帮助他走出困境。智者惋惜地说：“年轻人，很

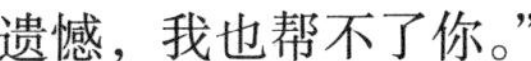

遗憾，我也帮不了你。”

查理听到这样的话，感到最后的一丝希望也破灭了。他想到了自杀，因为结束生命是唯一解脱的方法。正在他颓丧地转身准备离开的时候，智者叫住了他，说：“虽然我帮不了你，但是我知道一个人可以帮助你。”查理大喜过望，忙问：“那个人是谁？他在哪里？”智者笑笑说：“你跟我来。”查理被带到二面镜子前，智者指着镜中的人对查理说：“只有镜子里的人可以帮助你。你想要成功首先要认识这个人，这是唯一一个有能力帮助你成就事业的人。”

查理呆呆地注视着镜子里的自己，若有所悟。等到查理再次来到智者面前时，他已经成为了另外一个人：笑容满面、神采奕奕。他告诉智者，他终于认识到自己的力量。凭借自己的努力，他已经重建了自己的事业。

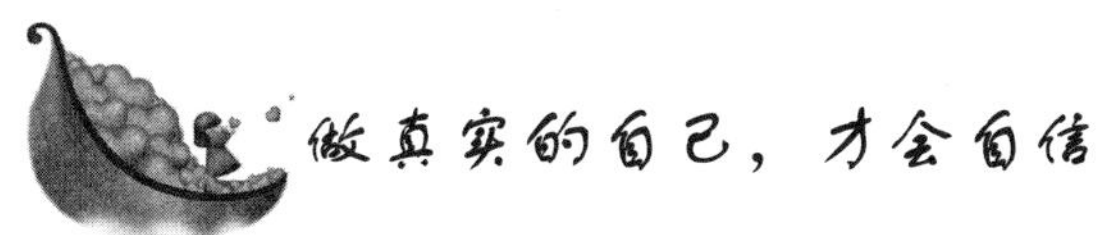

做真实的自己，才会自信

每个人都希望自己讨人喜欢，在别人心目中有地位、有分量，希望受到重视，拥有可以谈心、能够甘苦与共的朋友。

有许多报章杂志都曾告诉过我们如何才能使自己受人欢迎。它们告诉我们的方法是，要讨人喜欢，就不要去顶撞别人，要对别人说他们想听的话，与同事相处要表现得世故点，回到家中要随和些。

于是我们常为了讨好某人而戴上某种面具，把真正的自我隐藏起来，假装自己很健谈，乐于助人，很有艺术眼光或很忠于某个组织等。但是如果你太刻意去讨人欢心，却会招致反面的效果。如果你极尽所能想使每个人都喜爱你，反而会使自己变得缺少个性、矫揉造作，不会留给别人什么好印象，别人恐怕会在背后笑话你：“唉！那个人嘛！只知一味地讨人欢心！”

如果我们戴假面具戴的时间太久，连我们都会忘了自己是谁！

心理学家提醒我们，假如我们有勇气去扮演自己，更容易活得

让自己满意。名著《哈姆莱特》中，莎士比亚让大臣波洛涅斯这样说："最重要的是忠于自己。你只要遵守这一条，剩下的就是等待黑夜与白昼的交替，万物自然地流逝。倘若果真有必要忠于他人，也不过是不得不那样去做。"

有些人做一件工作，只因为当时他需要，而这件工作却刚好可以到手，他就接受了。也有很多人子承父业，或是选择了别人眼中所谓"比较好"的职业，以取悦别人。结果呢？他们很不快乐，也无法取得成就。

你的工作不适合你，就像你买了件不合身的夹克一样。当然你可以不扣它，这样觉得舒服点，或拉一拉袖子，把袖子弄长一点，或是驼一点背，这样看起前襟长一点，但不管你怎么做，都不会使这件夹克变得合身舒适。归根到底，我们应该选择适合自己的夹克。

南丁格尔说："我们第一段旅程，就是要自己找一席之地——不是在一个腐蚀心智的地方工作，也不是因为别人都那么做，或是这件工作能赚得生活所需。这个世界一定有一个地方适合我们每一个人，就像拼图游戏的玩具一样，我们就是其中的一块。在这一块地方，我们会感到很恰当，很舒服，就像穿上一件我们以前穿过多年的旧夹克一样。"

一旦你找到了自我，以前很难做的决定都会变得容易些。因为你已经跟你自己取得了协调，而能做你想做的事了。

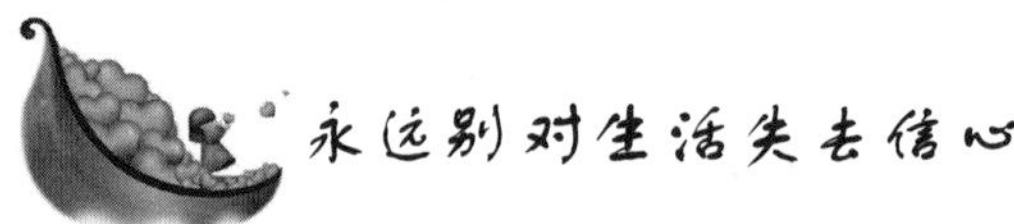

永远别对生活失去信心

约翰·库缇斯出生在澳大利亚一个平民家庭。他出生时只有矿泉水瓶那么大，脊椎以下没有发育，双腿像青蛙那样细小，而且没有肛门。经过手术，他也只能痛苦地排便，医生断言他活不过当天。但是，他挣扎着活了下来。医生再次断言，他活不过一个星期，可是一个星期后他仍然活着。一个月后，一年后，他依然活着，一次又一次地打破了医生的预言。如今，尽管孱弱无比，时刻面临死亡，但他已经成为世界上最著名的励志大师之一。

面对残酷的人生，面对真实的生活，他从很小的时候起，就开始承受常人难以理解的磨难。

在 18 岁时，他决定将自己不能发挥作用的双腿截掉，这样他就成为了真正的半个人。后来，他学会了用双手走路。他笑着说，自己看得最多的风景就是各种各样的腿、鞋子和女孩的裙子。

尽管有人对他说，没有人会责怪他什么也不做，但是，他下决心成为一个自食其力的人。他认为懒惰并不是他的强项，他要发挥自己的优势生存。他几乎趴在滑板上开始找工作。他大概敲开了数千家店门，尽管有的人打开门以后都没有发现趴在滑板上的他，但他最终还是找到了工作。他终于能够自食其力。

尽管失去了双腿，他仍然决心成为一个运动健将。他开始出现在室内板球俱乐部里，并成为举重场上的运动员。他的命运开始转变。1994 年，他成为澳大利亚残疾人网球赛的冠军，对于所有的嘲笑和侮辱，约翰·库缇斯用骄人成绩作了回击。

一次偶然的机会，一场公众演讲彻底改变了他的人生。他开始到讲台上去讲述自己的人生经验，讲述自己的拼搏和挣扎，给他人以启迪。一次，他问自己的听众，“有多少人不喜欢自己的鞋子?”听众中举起了一堆手臂。他的眼神变得锐利，语气变得严肃，他举起自己的红色橡胶手套，说：“这就是我的鞋子，有谁愿意和我换?就算我拥有全世界的财富，我也舍得和你换。现在，你们谁还抱怨自己的鞋子呢?”

30 岁时，约翰·库缇斯再度遭受了残酷的打击。他罹患癌症，又一次面临死亡的考验。但是，他从未对生活失去信心，坚持和病魔进行顽强的抗争。2000 年，他再一次战胜了死神，进入癌症痊愈者的行列。如今，他已经拥有了一个美满的家庭，拥有了太太和儿子。即使我们的人生不完美，也永远不要对自己说“不”。这个世界总是充满着伤痛和苦难，比苦难更强大的是我们顽强的意志。只要心灵不哭泣，完满的生活就会拥抱我们。

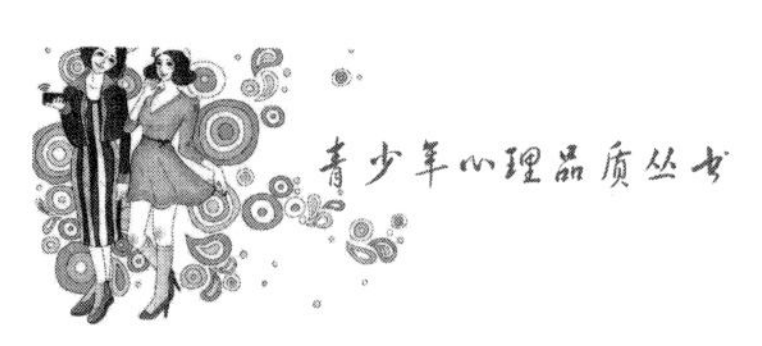

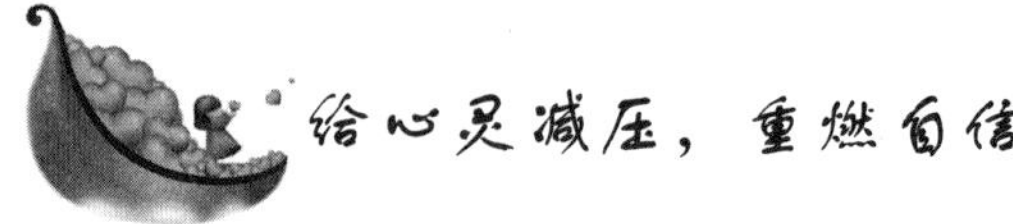

给心灵减压，重燃自信

生活中人人都有苦恼，都有烦心事，都有一本要慢慢学着念的“经”。比如，有的人为金钱而发愁，有的人因处理不好人际关系而处处碰壁，有的人因工作压力而精神忧郁，还有的人因家庭问题而苦不堪言等，不一而足。

我们其实需要偶尔找一个远离现实的角落来放松自己，调整心情。睡觉如此，在雨中撑一把伞如此，建一栋自己的房子以便能遮风挡雨、避开恶劣的自然环境也如此，同样，度假也如此。

我们的神经系统需要一定程度的“逃避”，它需要更多的保护，以免遭受外界刺激源持续不断的猛烈攻击。

心理学家告诉我们，每个人都在自己心中拥有一个平静的中心，它永远不受干扰、永远不会移动，就像车轮或车轴最中心的那个几何点一样始终保持静止。

我们要做的就是找出自己身上的这个平静中心，隔一段时间就走进它，寻求休息、恢复，重新变得精力百倍，充满自信。

我们可以像青木仁志那样，给自己找到一个宁静的舒适的角落，使自己的内心暂时离开现实中的事务和压力，给心灵度个假，使心灵得到彻底的放松。然后，你会感觉像是充了电，恢复精力，重新燃起自信。这个角落，应该是对我们来说最轻松舒适的地方，比如海边、茶室、咖啡屋，浴池等，只要自己感到轻松舒适就好。

除了给自己找个舒适的地方，我们还可以在自己的“心里”给自己构建一个舒适的场所。

我们每个人都需要在头脑中、在心灵的中心建一个安静的空间。它像海洋深处那样不受外界干扰，无论海面上的波浪多么狂暴，这里始终一片静谧。

这间于想象中构建的安静小屋，可以作为精神和感情的“减压

室”。它能将你从压力、担忧、紧张和劳累中解脱出来，使你容光焕发，使你在回到喧嚣的现实世界时，能更好地应对消极情绪。

用对你来说最宁静、最提神的东西来“装修”这间屋子吧，不论它们是什么。如果你喜欢油画，可能是美丽的风景画；如果你热爱诗歌，可能是一些你最钟爱的诗文；墙面的颜色是你最喜欢的色调，不过应该从宁静的蓝、浅绿、黄等基色中选择。房子的装饰既朴素又简单，里面没有让人分散精力的元素，非常干净整洁，井井有条，简明、安静、美丽是它的基调，房子里有你喜欢的舒适坐椅。从一扇小窗户向外看去，你能看到美丽的海滩，海浪向沙滩涌来，然后再退回去，但是你听不到它们的声音，因为你的屋子特别安静。

在想象中建这样的房子时，你要全身心地投入，就像真的在盖房子一样，要对屋里的每个细节都很清楚。

你可以想象自己正在做一次快乐、充满诗意的旅游。

你也可以回忆你最近某一次愉快的经历，尤其是有着愉快的身体感觉的经历，如享受一顿美餐，接受按摩，在水中游泳。尽可能主动地记住这一经历，从这愉快的感觉中再一次得到享受。

或者想象你在乡间，在一条清澈的河边，在软软的绿色草地上，全身松弛或漫步于一片茂盛的树林。可以是你到过的一个地方或是一个想去的理想的地方，尽量去想它的细节。

想象最美好的环境、最美妙的感受，想的越具体越好。你的身心就会像亲身经历和体验那一切一样，得到一种奇妙的净化和放松，从而使你恢复精力，重燃自信。

充满自信，活出生命的色彩

在一次演讲会上，她站在台上，时不时地挥舞着她的双手；她仰着头，脖子伸得好长好长，与尖尖的下巴扯成一条直线；她的嘴张着，眼睛眯成一条线，诡谲地看着台下的学生；偶然她口中也会呓呓语语的，不知在说些什么。基本上她是一个不会说话的人，但是，她的听力很好，只要对方猜中，或说出她的意见。她就会乐得大叫一声，伸出右手，用两个指头指着你，或者拍着手，歪歪斜斜地向你走来，送给你一张用她的画制作的明信片。

你一定不会想象这样的一个人竟然是中国台湾家喻户晓的画家，中国台湾十大杰出青年奖章的获得者——黄美廉，一位自小就患脑性麻痹的病人。

黄美廉出生于台南，出生时由于医生的疏忽，造成她脑部神经受到严重的伤害，以致颜面、四肢肌肉都失去正常作用。当时她的父母抱着身体软软的她，四处寻访名医，结果得到的都是无情的答案：她不能说话，嘴还向一边扭曲，口水也止不住地往下流。六岁时，她还无法走路，妈妈听说患有脑性麻痹者到二三十岁时仍在地上爬，妈妈无法想象她的未来，绝望地想把她掐死，再自杀。

脑性麻痹夺去了她肢体的平衡感，也夺走了她发声讲话的能力。从小她就活在肢体不便及众多异样的眼光中，她的成长充满了血泪。然而她没有让这些外在的痛苦击败她内在的奋斗精神，她昂然面对，迎向一切的不可能。终于在 1993 年获得了加州大学艺术博士学位，她用她的手当画笔，以色彩告诉人“寰宇之力与美”，并且灿烂地“活出生命的色彩”。

在一次演讲会上，有一位学生问黄美廉：“你从小就长成这个样子，请问你怎么看你自己？你没有怨恨吗？”

黄美廉转身用粉笔在黑板上重重地写下“我怎么看自己”这几个字。她写字时用力极猛，有力透纸背的气势，写完这个问题，她停下笔来，歪着头，回头看着发川的同学，然后嫣然一笑，转过身在黑板上龙飞凤舞地写了起来：

一、我好可爱！

二、我的腿很长、很美！

三、爸爸妈妈这么爱我！

四、上帝这么爱我！

五、我会画画，我会写稿！

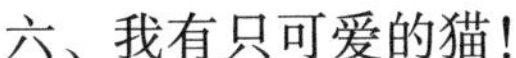

六、我有只可爱的猫！

七、还有……

八、……

忽然，教室内鸦雀无声，没有人敢讲话。她回过头来定定地看着大家，再回过头去，在黑板上写下了她的结论："我只看我所有的，不看我所没有的。"学生群中响起了掌声，黄美廉倾斜着身子站在台上，满足的笑容从她的嘴角荡漾开来，眼睛眯得更小了，有一种永远也不被击败的傲然，写在她脸上。

一个残疾人，能够取得如此辉煌的成就，可以说是她发自心底的自信，激发了她的才能，使她获得了成功。

古人云："人不自信，谁人信之。"建立自信，应该从相信自己、赏识自我做起。相信自己，就是对自己的认可和支持，"我能行"，"我也会成功"。积极的自我暗示，能够激起强烈的成功欲望。在战胜困难、实现目标的过程中，表现出果敢的勇气和必胜的信念。雅典奥运会男子110米金牌获得者、我国著名选手刘翔，越是在紧张激烈的大赛中，越是在竞争对手实力强大的情况下，越能表现出良好的心理素质，比赛成绩越优异，这正是个人自信的充分体现。

自信是成功的开始。在做一件事情之前，如果你认为自己做不好，那么你就失败了一半，即使你有这方面的能力；相反，如果你对自己充满了自信，那么你起码成功了一半，另一半则靠自己的能力了。

所以，人生中，艰难、困苦、挫折、坎坷在所难免，每当此时，我们就应当有着："彼人也，予人也，彼能是，而我乃能不是"的自信和"霸气"。当然，自信绝不是自说自话的盲目自傲、自负和自满，而是要以自己的辛勤付出、无可辩驳的实力、令人称道的才能来充盈你的人格魅力，成就你的事业，发挥你的聪明才智，凸显你的非凡作为。

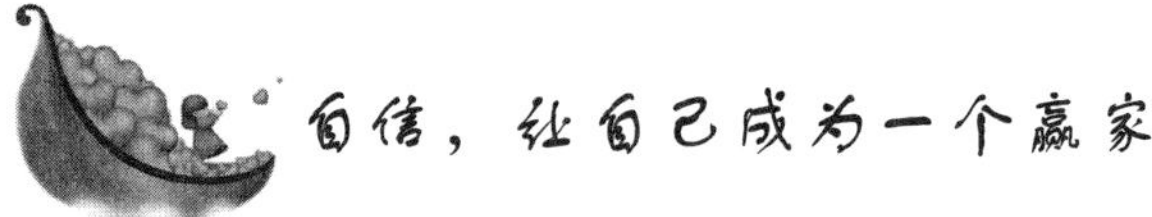

自信，让自己成为一个赢家

如果你想要成功，想要成为一个赢家，就应该成为一个自信的人，在进取中不断排除障碍，找寻攀登的道路，登上成功的顶峰。

一个人在夜晚行路，不小心跌倒在一条小溪里。他不会游泳，在水中动也不敢动一下，最后被淹死在水中。天亮后，人们发现，淹死他的地方的水还埋不住膝盖。只要他站起来，就不会被淹死了。可是这个人始终没有想起要站起来。

说句实话，与其说这个人是被淹死的，还不如说他是被自己吓死的。因为他没有自信。

一位美国心理学家说过这样一句话：实际上我们绝大多数人本都可能比实际中的自己更伟大些，只是我们缺乏一种不懈的努力和自信。

1945 年 7 月 25 日，第二次世界大战战胜方的三巨头之一丘吉尔，参加波茨坦会议后告别斯大林和杜鲁门，飞回伦敦等候战后首次大选的开票结果。然而，选举结果如晴天霹雳，震撼了丘吉尔，也震撼了全世界。工党以绝对优势取胜，保守党被撵出政府，丘吉尔丢掉了首相职务。

这个结果对丘吉尔的打击是异常沉重的，这个结果对于一个在“二战”中历尽艰辛，率领英国人民获得胜利的领导者来说，显然也是不公平的。尽管女王授予他功臣勋章和嘉德勋章，仍无法减轻这种打击。丘吉尔很悲伤，抱怨英国人忘恩负义。

然而，正如丘吉尔在后来阐述他人生中的座右铭时所说的那样：“人生就是绝不、绝不、绝不放弃。”丘吉尔并没有就此退出历史舞台。相反，他坚持在下议院当了 6 年反对党领袖，直到 1951 年 10 月再次出任首相。此时，他已是 77 岁高龄的老人了。

不仅如此，丘吉尔还凭借自己出众的智慧，敏锐地预见到，第

二次世界大战必然是世界历史上的一件大事，也将是他政治生涯中的一段辉煌。所以从当上首相那天起，他就开始准备创作一部关于第二次世界大战的巨著。

虽然每天能创作近一万字，丘吉尔还是用了整整 7 年的时间，一直到 1951 年，才将《第二次世界大战回忆录》最后完成。

丘吉尔之所以能够取得如此巨大的胜利，就是因为在他的心里，有一种强烈的信念，他相信某些事比他自身更强大，这些更具有力量的事物正是他想去征服的。当他面对那些具有压倒一切、显示巨大威慑力的山峰时，这种信念，就会让他充满力量，敢于向最大的危险挑战，这也是他希望做的事情。

也正是这种信念，使赢家敢于做别人不敢做的事，像登山一样，有人已经确定了某些路线是不能走的，但是赢家并不信这些，他们就要从这些路线攀上山顶。赢家不仅敢于向可能性挑战，而且更重要的是，他们敢于向不可能性挑战。战胜不可能性，获得真正的胜利，这是赢家最大的特性。

著名的科学家史蒂芬霍金十三四岁时已下定决心要从事物理学和天文学的研究。17 岁那年，他考到了自然科学的奖学金，顺利入读牛津大学。学士毕业后他转到剑桥大学攻读博士，研究宇宙学。但是不幸的是，不久他就发现自己患上了会导致肌肉萎缩的卢伽雷病，由于医生对此病束手无策。起初他打算放弃从事研究的理想，但后来病情恶化的速度减慢了，他便重拾心情，排除万难，从挫折中站起来，勇敢地面对这次不幸，继续醉心于研究。

上世纪 70 年代，他和彭罗斯证明了著名的奇性定理，并在 1988 年共同获得沃尔夫物理奖。他还证明了黑洞的面积不会随时间减少。1973 年，他发现黑洞辐射的温度和其质量成反比，即黑洞会因为辐射而变小，但温度却会升高，最终会发生爆炸而消失。

上世纪 80 年代，他开始研究量子宇宙论。这时他的行动已经出现问题，后来由于得了肺炎而接受穿气管手术，使他从此再不能说话。现在他全身瘫痪，要靠电动轮椅代替双脚，不但说话和写字要靠计算机和语言合成器帮忙，连阅读也要别人替他把每页纸摊平在

桌上，让他驱动着轮椅逐页去看。

霍金一生贡献于理论物理学的研究，被誉为当今最杰出的科学家之一。他的著作包括《时间简史》及《黑洞与婴儿宇宙以及相关文章》。虽然大家都觉得他非常不幸，但他在科学上的成就却是在病发后获得的。他凭着坚毅不屈的意志，战胜了疾病，创造了一个奇迹，也证明了残疾并非成功的障碍。

20 多岁就瘫痪在床，这对一个对未来充满憧憬的年轻人来说，无疑是毁灭性的打击，如果霍金从此放弃努力，那么他就会变成一个最普通的残疾人，但疾病可以摧垮一个人的身体，摧不垮的是霍金钢铁般的意志，正如海明威所说："一个人并不是生来就要给打败的，你尽可把他消灭掉，可就是打不败他。"在正常人难以想象的艰难条件下，霍金用尚存的健全的大脑和思维证明了他的价值与勇气。事实上，古今中外，像霍金这样身残志坚作出突出成绩的人还有很多，例如：中国的吴运铎、张海迪，美国的海伦·凯勒、罗斯福，音乐大师贝多芬的交响乐《命运》如重棒响棰般敲打着每一个人的心灵，鼓舞人们向命运作不屈的抗争。他们为所有肢体健全的人作出了光辉的榜样。

第二章　激活自信，自信是一种力量

自信是一种力量，无论身处顺境，还是逆境，都应该微笑地，平静地面对人生，有了自信，生活便有了希望。

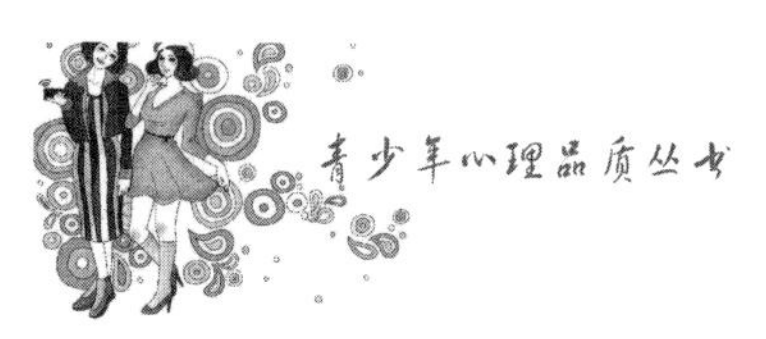

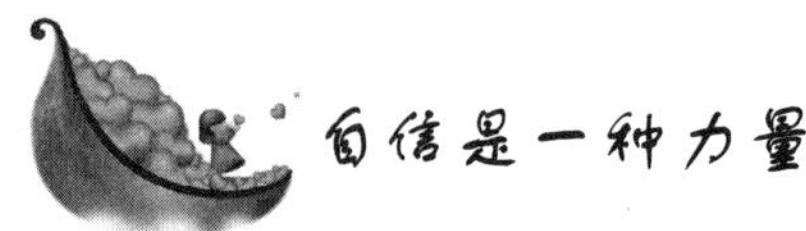

自信是一种力量

自信是一种力量，无论身处顺境，还是逆境，都应该微笑地，平静地面对人生，有了自信，生活便有了希望。哪怕命运之神一次次把我们捉弄，只要拥有自信，拥有一颗自强不息、积极向上的心，成功迟早会属于你的。

梅尔文·亚班斯从事的是培养推销员的工作，但他最擅长的是激发每个人的潜能。他负责把某人从不能发挥特长的工作岗位，调到更能发挥才能的职位上，而且往往都会获得非常好的成效。他称自己从事的工作是“人类改造业”。他喜欢人、相信人，能在人们身上发掘出未开发的能力，并帮助人们实现自身的发展。

有一个叫杰克的青年，担任非常呆板的事务性工作。他很有才能，善于交际，待人和善，工作认真，他经常提出促进生产的新构想。不仅如此，他还能很好地激励周围的人奋发向上。亚班斯很钦佩杰克，认为他还有许多未开发出来的潜能，于是就问他：“你认为这家公司如何？”

“我认为它是世界上最好的，能在这里工作对我是很大的鼓励，我准备成为公证会计师。”

亚班斯这样对他说：“让我说出我对你的看法吧！也许你会惊讶，你有非常好的推销天分。你热爱公司的产品，如果负责销售，一定能获得最好的成绩，不论对公司或你自己都能带来很大的利益。”

这意外的建议使杰克惊讶极了，很自然地流露出了他的另一面，那就是不安与缺乏信心。

“不，我对现在的工作很满意，我已经驾轻就熟，就像在自己的家里一样，改变工作可能会让我变成离水的鱼，我不可能改行做推销员。”他说出对自己的否定性评价，对离开安定的老巢显得很

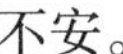

不安。

可是，亚班斯非常坚持："你并不了解你自己。你现在最需要的是不要怀疑，对自己要有信心，必须了解真正的自己。"亚班斯的热忱终于使杰克答应接受推销术的培训。后来连他自己都觉得惊讶，因为他对推销工作非常感兴趣。

讲习班的讲师对亚班斯说："你发现了一位可以说是天生的推销员。只是他本人还缺乏信心。""不久他就会有信心的。"亚班斯回答道。

杰克到外面去实际访问客户的一天终于来临了，他非常紧张。亚班斯对他说："我也一道去吧。在你负责的部分地区我可以和你一起。"

亚班斯把新推销员杰克带到成交可能性较大的顾客那里去。杰克发挥了他的社交特长，对方相当满意。他很仔细地观察亚班斯为他示范的推销法。在两人一道进行访问的过程中，杰克获得了宝贵的启示。亚班斯也把自己的信念与自信植入杰克的心中。不久，杰克真正相信自己的能力了，他改变了对自己的看法，产生了成就感，越来越喜欢这项工作。

有一天，亚班斯对这位新推销员表示，以后不能和他一起出去了，他必须自己一个人去面对客户，接着给他打气说："保持热忱，待人温和，对公司的产品和自己要有信心。"

"我一个人也做得来。"杰克带点不安地低声回答道。

"你绝不会孤独的。"亚班斯鼓励他。

后来，杰克发挥他的潜能获得了成功。亚班斯的判断没有错。

在现实生活中，有很多人都不能正确认识自己，这就使得他们缺乏自信，无法充分发挥自己的才能。人是不能没有自信的，自信是令人难以置信的伟大力量产生的源泉。一个人拥有了自信，便拥有了成功的前提。

小泽征尔是世界著名的音乐指挥家，一次他去欧洲参加指挥大赛，决赛时，他被安排在最后。评委交给他一张乐谱，小泽征尔稍做准备便全神贯注地指挥起来。突然，他发现乐曲中出现了一点不和谐，开始他以为是演奏错了，就指挥乐队停下来重奏，但仍觉得不自然，他感到乐谱确实有问题。可是，在场的作曲家和评委会权威人士都声明乐谱不会有问题，是他的错觉。面对几百名国际音乐界权威，他不免对自己的判断产生了动摇。但是，他考虑再三，坚信自己的判断是正确的。于是，他大声说："不！一定是乐谱错了！"他的声音刚落，评判席上那些评委们立即站起来，向他报以热烈的掌声，祝贺他大赛夺魁。

原来，这是评委们精心设计的一个圈套，以试探指挥家们在发现错误而权威人士不承认的情况下，是否能够坚持自己的判断，因为，只有具备这种素质的人，才真正称得上是世界一流音乐指挥家，在三名选手中，只有小泽征尔相信自己而不附和权威们的意见，从而获得了这次世界音乐指挥家大赛的桂冠。

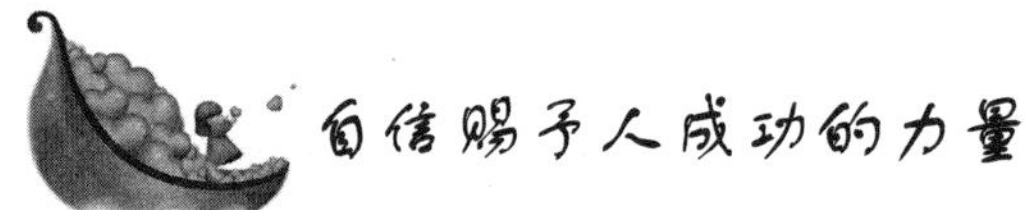

自信赐予人成功的力量

一位名人说："我们对自己抱有信心，将是别人对自己萌生信心的绿芽。"由此可见自信是多么重要！我们的自信，能直接奠定我们在别人心目中的地位，在很大程度上改善我们的人生处境，从而提升我们的人生价值。

10 岁的詹妮，总感觉自己不够漂亮，所以走路时总是低着头，更不敢往人多的地方走。她认为，在家里，漂亮的姐姐和活泼的弟弟占据了父母的全部爱心，所以她常常做"隐形人"。在学校，她从来不主动举手发言，成了被老师和同学们忽略的学生。

一天在上学的路上，一家饰品店的橱窗中摆放的一个粉色头花吸引了詹妮。詹妮非常喜欢，就买了下来，并把它带在头上。商店里的阿姨不断称赞带上头花的詹妮很漂亮，因为从来没有人如此热烈地夸奖她，所以她开心地在镜子前照来照去，不由自主地抬起了头，她发现现在的自己真的很漂亮。她急于让大家看看自己的漂亮模样，以至于出门时与人撞了一下都没在意。

詹妮仰着头走进教室，迎面碰上了她的老师，“詹妮，你抬起头来真美啊！”老师爱抚地拍拍她的肩说。

“詹妮，你抬起头可真漂亮啊！”周围的同学都带着诚恳的微笑和她打招呼。

下午放学了。詹妮仰着头回到家里。“詹妮，我的宝贝儿，你今天抬起头来真漂亮！”父母亲热地拥抱着她。

就在这一天里，詹妮得到了许多人的赞美，她认为这一定是自己头花的功劳。晚上，回到自己的房间，开心的詹妮跑到镜前去照，啊，头花呢？突然她想到出饰品店时和一个人撞到了，肯定那个时候头花就掉了。

这时，詹妮陷入了沉思，既然头花掉了，为什么大家都这么赞赏我呢？今天的我有什么特别的地方吗？

她一点一点地回忆，原来老师、同学和爸爸妈妈都说了“你今天抬起头来真漂亮”的话，哦，原来秘密就在这里。

后来，詹妮把头抬了起来，不再自卑，她发现抬起头来看世界真的很美。

一个人缺乏自信，就好像汪洋海上漂浮着的一朵浮萍，无着无落，无依无靠。从这层意义上说，自信就是自己心中的巨人，拥有了自信，就是拥有了渡过海洋、抵达彼岸的船。

所谓自信，是指凡事对自己持相信和肯定的态度，以“我能”为信念，是一种积极的心理状态和可贵的进取精神。人的一生是曲折坎坷的。在追求学业和事业的路上，更不会事事如意、一帆风顺，而自信正是黑暗中的一盏灯、风浪中的一面帆，是登山的云梯、渡水的帆舟，它给人通往成功的勇气和希望。在现实生活中，自信是大力之神，它有着一股神奇的魔力，可使弱者变强，强者更强。

有没有决心和信心，这是事情能否成功的前提条件。古人云：“疑事无功，疑行无名。”缺乏决心和信心的人，往往优柔寡断，常常错失良机。”自信是成功的第一步，一个人如果对自己所从事的工作没有自信，那么，他就会连一点儿小困难也克服不了。俄国大诗人普希金说：“大石拦路，勇者视为进步的阶梯，弱者视为前进的障碍。”只要相信自己的力量，树立必胜的信心，尽自己最大的努力，就一定会获得成功的。

物理学家丁肇中在1972年担任麻省理工学院教授时，提出制造新探测器以寻找新粒子的想法，却被物理学界认为是“妄想”而遭到了公开批评。但丁肇中很自信，他带领实验组进行了长达十年的艰苦实验，终于证明确有一种新粒子存在，从而获得了诺贝尔奖。显而易见，是自信为丁肇中照亮了成功之路，在别人认为不可能时，他相信自己，确认自己设想的正确性，正是凭着一股子干劲和韧性，他最终获得了殊荣。

自信赐予人成功的力量，使人能在荆棘中开辟一条坦荡之路，在暴风雨中固守一片鲜花盛开之地。诚然，事业上的成功是由多方面因素促成的，但自信却是成功者必备的特质。

闻名于世的音乐巨匠贝多芬说过：“公爵，你所以成为一个公爵，只是由于偶然的出身，而我所以成为贝多芬全靠我自己。公爵现在有的是，将来有的是，而贝多芬却只有一个。”联想到贝多芬在失聪后仍为人类创作传世名曲——《生命交响曲》的事实，我们感受到了“我要活下去，我要为人们留下美好的乐曲”那闪光的自信心，自信伴随他走过生命的旅程，而《生命交响曲》正是一曲歌颂自信的伟大乐章。

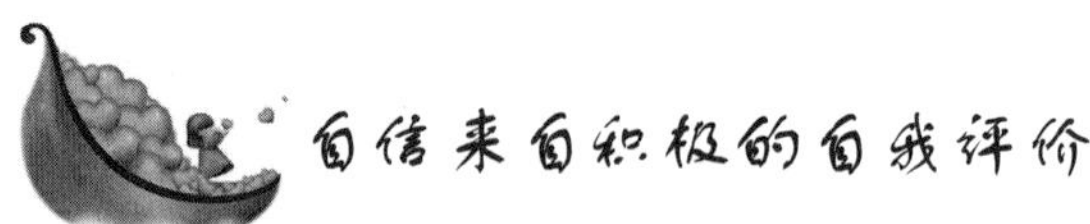

自信来自积极的自我评价

美国通用电气前首席执行官杰克·韦尔奇，这个被人们称为“全球第一的CEO”，他最大的品质正是自信。韦尔奇曾有句名言：“所有的管理都是围绕‘自信’展开的。”他的自信，源于小时候母亲为他实行的激励教育。

韦尔奇是一个口吃的孩子，因为说不清话，经常遭到别人的笑

话。母亲担心韦尔奇因此遭受打击，就对他说："因为你太聪明了，无论谁的舌头都跟不上你大脑的速度，你自己的舌头也是。"就这样，韦尔奇从没有为自己的口吃烦恼过，相反，他不但相信母亲的话，而且更相信自己是一个非常聪明的人。也正是由于口吃，在他取得非凡成就后，朋友们更为敬佩他，美国全国广播公司新闻部总裁迈克尔开玩笑地说："杰克真有力量，真有效率，我恨不得自己也口吃。"

韦尔奇从小个子不高，但他酷爱体育运动，尤其是篮球。在读小学时，他征求母亲的意见，是不是可以参加学校的篮球队。母亲很高兴地告诉他："你想做什么就尽管去做好了，一定会成功的!"于是，韦尔奇成为校篮球队的一员，也许当初他并没有意识到他的个头比其他队员都矮了一头。每一场比赛，韦尔奇都去努力拼搏，都去证明他真的很优秀，而他母亲每每坐在观众席上都要为他呐喊助威。除了精心培养儿子的自信心，母亲还告诉韦尔奇，人生其实是一次没有终点的奋斗历程，你只要充满自信，无须太过在意成败。正是这种鼓励让韦尔奇对自己进行了积极的评价，找到了自己的优势，从而养成了自信的习惯。凭借这股多年经营的自信心，韦尔奇获得了非凡的领导才能。他在担任通用电器 CEO 的 20 年的时间里，创下一个接一个的伟大业绩，从而成为美国 20 世纪最为出类拔萃的商界精英。

韦尔奇是幸运的，他有一个好母亲。但是，自信心是完全属于自己的，只有通过自己的不懈努力才能真正培养起来。心有多大，舞台就有多大；心有多大，自己的天空就有多大。在工作中，一个人对自己有多少信心，他就能取得多大的成就，这永远是一个正比关系。无论何时何地，我们都不能因为一丁点儿的挫折而丧失了工作的热情。当面对失败的时候，我们更要充满信心，重新创造机会，用实践来证明我是优秀的，我是可以做好的。困难是自信最大的敌人，当遭遇困难时，我们的自信心经常会受到打击。如果你很容易被困难击倒，说明你不是一个真正自信的人。真正自信的人会迎难而上，越是在困难的时刻，越能表现出他自信的坚强。韦尔奇的自信来自于积极的自我评价，积极的自我评价让自己认识到困难不是不可战胜的。从而更有勇气去实行自己的解决办法。因此我们要给自己以积极的评价。

《最伟大的力量》一书的作者马丁·科尔经常这样说：“毫不夸张地说，一个有力的、积极的自我形象是成功人生的最合适的准备。”许多美国著名的心理学家都赞同他的这种观点，他们发现，过低的自我评价是许多国家社会问题产生的根源。你对自己的心理认知是你个性的核心。和其他影响你的人生的个别因素比起来，它更能起到决定性的作用。

为什么自我评价这么重要呢？因为你的自我评价决定了你对伴侣的选择，对职业的选择，对朋友的选择，决定了你对自己和周围的人的态度，你发展和学习的空间，你的行动和反应。你对自己的看法深深地影响着你和家庭成员的关系，你和同事的关系。

在一个大城市，我们很容易就可以认出贫民区的乞丐、精神病院里的慢性沮丧病患者、不可救药的吸毒者、监狱里的在押犯。这些人明显有着很差的自我评价。但是，在你每天遇到的所有的人中，要想判定出谁具有很强的自信并不是一件容易的事情。最难做到的事情就是审视自己、了解自己对自己的真正的感受。

马丁·科尔认为，人应该拥有积极自信的心态。而积极自信的心态是指：

1. 接受本来的你。著名喜剧演员菲力普·威尔逊在很大程度上是由于成功地塑造了杰拉尔丁的形象而出名的。杰拉尔丁总是这样说：“你看到什么你就会得到什么！”杰拉尔丁的这段话很滑稽，但这种态度对于一个人的发展来说倒很有益。

完全、无条件地接受你自己是树立积极、自信心态的第一步。我们所有的人都有自己不特别喜欢的某些特性，但是我们却无法改变，例如鼻子太长，两只眼睛离得太近，个子太高或太矮等等。

难道因为长得不完美你就觉得低人一等？没有谁绝对的完美，那么你又为什么力求完美呢？“没有人十全十美……但在许多方面我是优秀的。”一个漂亮的年轻女孩的T恤衫上写着这样的标语。这个标语所表达出来的就是接受本来的你自己的基本思想。我相信你的很多方面也是优秀的。当你把注意力放在你的个性、你的身体、你的资质的优良方面时，你就拥有了树立积极、自信心态的基础。接受独一无二、令人惊奇的你，然后在此基础上继续发展自己。

2. 对待他人持一种友好的、不带成见的态度。那些自我感觉很好的人，懂得把自己和别人相比不是明智的做法。我们应该认识到，上帝创造了独特的你，也同样创造了独特的其他人。当你完全接受了你自己，你就会很容易接受别人了。

3. 乐于承担风险。我们注意到龙虾为了生长，必须要褪了旧壳，长出新壳。成长和学习的过程中总是伴随着风险。一个人如果想要去发展新的关系，或者是加深现有的关系，都要冒着受到伤害的风险。一份新的工作，一个新的位置、一个新的环境，带给人们幸福和满足的同时，同时也会存在许多危险。但是积极的人乐于为将来的收获付出一些沉重的代价。那些有强烈自信的人认识到避免犯错误的办法只有一个，那就是什么都不去做——而这恰恰是最大的错误。

4. 找到一种积极的方式来表现你的个性。有人曾说过一句这样的警言："做你自己！因为你不是你自己，你就谁也不是。"一位教授讲了一个古希腊神普罗米修斯的故事，他就像是一个非凡的魔术师，想变谁就能变成谁。他变过很多不同的人，以至于最后，他忘记了自己是谁。自信的人不在乎别人怎样看自己。他们愿意展现让自己与众不同的特征和内心的情感，不过度关心别人的想法。那些具有强烈自信心的人，对做自己感到很满足，不管别人对自己的看法如何。

5. 自立、自主。那些认为自己很优秀的人懂得，自己遇到了挫折、自己有了缺点，不能怪罪别人、环境和社会。他们从自身寻找原因，思考采取什么样的方法才能解决问题，怎样才能使事情出现转机。你不会看到他们只是一味地去怨天尤人。你会发现他们竭尽自己的力量去发现解决问题的方法。他们也会优雅地接受帮助，但是他们考虑得更多的是给予。他们一般不谈论自由问题，因为他们一直觉得很自由。

自信的性格可以后天培养

一个人的自信并不是天生形成的，与后天很有关系，特别是童年，幸福优越的童年生活往往使人的个性能够向良好的方向发展。罗斯福的幸福快乐童年生活使他形成了自信、自尊的性格。

童年的罗斯福拥有优越的环境，他家境富裕，在生活中受到了严格而又充满爱抚的教导和训练。他每天都要花一定时间来完成父母为他制定的各项训练计划。詹姆斯夫妇从小就为儿子的成长规划了一个并不富于弹性的框架，他们似乎并没有刻意培养他的意志力和独立性格。这样的环境培养了他的优越感以及基于自信的平静性格。

14 岁那年，罗斯福进了格罗顿公学，由于操着浓重的英国口音，有些不太合群，因学校里有一个年龄比他大的名声不太好的侄子，因此他得了个绰号“富兰克叔叔”。但罗斯福并没有因此颓丧，而是慢慢学会了与同龄人相处，他较快地克服了一般插班生因突然面对全新环境而容易产生的那种羞怯、焦虑、失落等不适应症，并从容不迫地进入了角色。他“冷静、沉着、聪明，脸上总挂着最热情的、最友好的和最充分体谅别人的微笑”。校长向他的父母报告说：“在我的印象中，他是个聪明和诚实的学生，也是个好孩子。”

1921 年 8 月初，不幸降临在罗斯福身上，他被大夫诊断为下肢血栓形成或是脊髓受伤，并提出了强力按摩的处置意见。8 月 25 日，世界一流的专家罗伯特·S·洛维特终于做出了正确的诊断：脊髓灰质炎。脊髓灰质炎又叫小儿麻痹症，是一种多发生于夏秋季节由脊髓灰质炎病毒引起的急性肠道传染病。患者在多汗发热、周身疼痛数日后常常会手足软绵无力、不会动弹，称为“弛缓性瘫痪”，这是因为病毒侵入了相应部位的神经组织所致。严重患者病毒可侵入其脑神经，出现面瘫、吞咽和呼吸困难，乃至危及生命。该病患者绝大多数是7岁小儿，仅有极少数成年人因未获此病毒的免疫力而招致不幸。病势较轻者可以在一两年内恢复到一定程度，不幸的罗斯福万幸属于后者。他的两腿完全瘫痪，并伴有向上蔓延的症状，膀胱和直肠括约肌也一度瘫痪，必须插导管。有时剧疼放射到全身，体温变化不定。

纽约长老会医院的两位大夫做出了最后的诊断——瘫痪已完全形成，两腿的肌肉和神经已被破坏，且背部肌肉也可能萎缩。其中一位是罗斯福在格罗顿和哈佛的校友乔治·德雷珀大夫，他在报告中写道："在他的治疗中，心理因素居首位。他坚毅勇敢、抱负远大，但感情器官却是少有的敏感。因此，要做到使他既能正视自己的现实，又不至于使他在精神上垮掉，这需要我们拿出我们的全部本领。"由于妻子和医生们的精心照料，更由于罗斯福自身蕴藏的巨大勇气和坚定的自信，因此，在经历了最初的沮丧和失望之后，罗斯福开始变得愉快起来。

罗斯福在生病期间，没有顾影自怜，而是拿出了巨大的勇气克服他的痛苦。他隐忍着肉体和精神上的极大痛苦，几乎每天都在接受一个又一个的治疗措施，他学会了操纵轮椅，掌握了一些移动身子的新方法，经常连续几小时锻炼身体。几个月后，他的腰部以上看起来像一个肌肉发达的运动员。

当罗斯福能够得心应手地使用拐杖之后，他断定可以出去公开露面了。他情绪乐观、精神饱满、思维依旧敏捷，朋友们几乎都不把他当成病人。

正是这种历经巨大创痛和打击而不改本色并依然故我的精神，反映了罗斯福的本色：他具有一般普通人所不具备的禀赋和意志。罗斯福的大儿子詹姆斯在60年代出版的著述中也确信，并非小儿麻痹症造就了罗斯福的性格，而是他的性格使他从苦难中解脱出来。

1932年冬天，是第4个也是最糟糕的一个大萧条的冬天。全国至少有1300万人失业，《幸福》杂志估计除农村受难的1100万户人口不计外，全国有3400万人没有任何收入。许多人在前工业社会大饥荒时代的那种原始状况下生活。人们对时局、政府政策的怨恨之情已达到饱和的临界点。这时候的罗斯福却没有因此陷入困境，而是积极准备上台后的一切事务。他如此镇静自若，是因为他对于自己正从事的事情的价值和重要性，具有清醒的、绝对的信念。1933年3月4日，罗斯福自信而富有激情的就职演说，使他赢得大部分美国居民的心。

冷静而深谋远虑的罗斯福并未陶醉于人民的欢呼声中，他明白眼前的效果仅仅是防御性的临时应急措施的奏效使然。于是，罗斯福政府采取了更多的迅速而有节奏的行动，从而开始了史称“百日新政”的时期。

罗斯福就是这样的一个人，无论是小时候在学校里，还是在从政期间，他都时刻满怀信心的应对，自信让他能够连任总统，自信让他战胜病魔，自信让他成为美国历史上最伟大的总统之一。

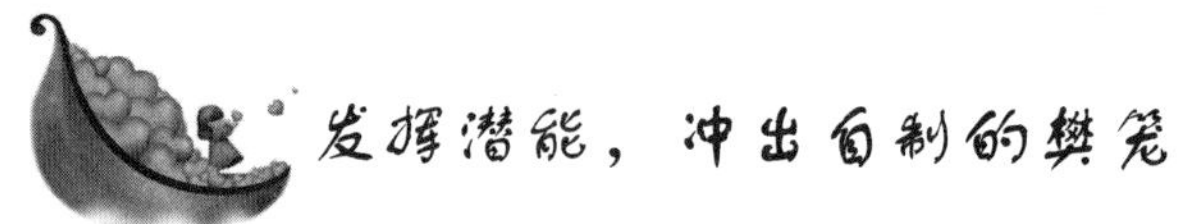

发挥潜能，冲出自制的樊笼

科学家做过一个有趣的实验：

他们把跳蚤放在桌子上，一拍桌子，跳蚤迅即跳起，跳起高度均在其身高的100倍以上，堪称世界上跳得最高的动物！

然后科学家在跳蚤的头上罩了一个玻璃罩，再让它跳；这一次跳蚤碰到了玻璃罩。连续多次以后，跳蚤改变了起跳高度以适应环境，每次跳跃总保持在罩顶以下高度。接下来逐渐改变玻璃罩的高度，跳蚤都在碰壁后主动改变自己的高度。

最后，玻璃罩接近桌面，这时跳蚤已经无法再跳了。科学家于是把玻璃罩打开，再拍桌子，跳蚤仍然不会跳，变成“爬蚤”了。

跳蚤变成“爬蚤”，并非它已经丧失了跳跃的能力，而是由于一次次受挫折学乖了，习惯了，麻木了。

最可悲之处在于，实际上的玻璃罩已经不存在，而跳蚤却连“再试一次”的勇气都没有。玻璃罩已经在潜意识里，罩在了跳蚤的心灵上了，跳蚤行动的欲望和潜能被自己扼杀！科学家把个中现象叫做“自我设限”。

在我们每个人的生命中，都会面临许多害怕做不到的时刻，因而划地自限，使无限的潜能只能化为有限的成就。你可能一直认为你现在的一切都是命中注定的，现实的一切不可超越。不管你持有此观点的时间多长，你都是错的。你可以通过改变自己的态度和习惯来改进自己的生活。

许多人其实应该更为成功，但我们在生活中失去很多，因为我们会安于现状，这比我们能取得的一切少得多。

人们常常在自己生活的周围筑起界限，要么就生活在别人强加给他们的局限里。这些局限有些是家人朋友强加的，有些是自己强加的。很多人给自己套上限制，认为在一生中不会超过父母，认为自己反应迟钝，认为缺乏别人拥有的潜能和精力，那么无疑就实现不了一些目标。

有个农夫展出一个形同水瓶的南瓜，参观的人见了都啧啧称奇，追问是用什么方法种的。农夫解释说：“当南瓜拇指般大小的时候，我便用水瓶罩着它，一旦它把瓶口的空间占满，便停止生长了。”

人也是这样，自我设限，就是把自己关在心中的樊笼，就像水瓶罩住的南瓜一样，等于是放弃给自己成长的机会，成长当然有限。

有这样一位男士，他与妻子相处存在许多问题，妻子经常抱怨他自私、不负责任，从来都没有关心过她。有人问他：“为什么你不好好跟妻子沟通?”他回答：“我的本性就是这样。没办法，我就是大男人。”这位男士对他行为的解释，是他的自我定义。这源自于过去他一直如此，其实他在说：“我在这方面已经定型了，我要继续成为长久以来的那个样子。”人生若保持这种态度，根本就是在扼杀可能的机会，从而给自己留下永远无可改变的问题。

认定自己是何种人——“我一向都是这样，那就是我的本性”，这种态度会加强你的惰性，阻碍成长。因为我们容易把“自我描述”当做自己不求改变的辩护理由。更重要的是，它帮助你固持一个荒谬的观念：如果做不好，就不要做。

一旦你标定了自我是什么样的人，你就是否认自我。一个人必须去遵守标签上的自我定义时，自我就不存在了。他们不去向这些借口以及其背后的自毁性想法挑战，却只是接收它们，承认自己一直是如此，终将带来自毁。

一个人，描述自己比改变自己容易多了。无论什么时候你要逃避某些事情，或者掩饰人格上的缺陷，总可以用“我一直这样”来为自己辩解。事实上，这些定义用了多次以后，经由心智进入潜意识，你也开始相信自己就是这样，到那时候，你似乎定了型，以后的日子好像注定就是这个样子了。无论何时，你一旦出现那些“逃避”的用语，马上大声纠正自己。

把“那就是我”改成“那是以前的我”；

把“我没办法”改成“如果我努力，我就能改变”；

把“那是我的本性”改成“以前那是我的本性”；

任何妨碍成长的“我怎样怎样”，均可改为“我选择怎样怎样”。不要做一个困兽，要冲出自制的樊笼，做一个真正的自我，发挥自己的潜能，才会成为真正的自己。

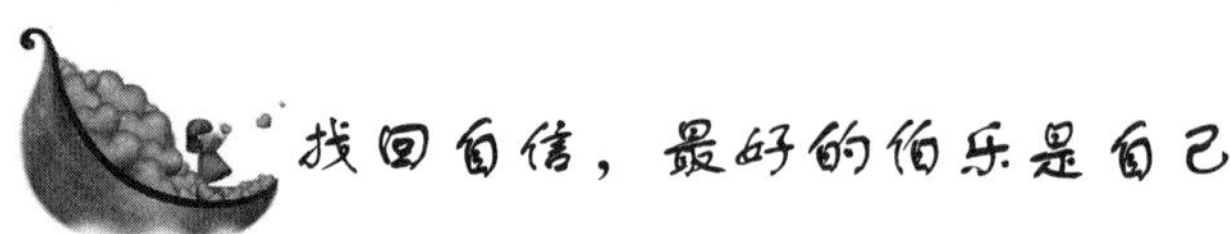

找回自信，最好的伯乐是自己

每一个人的生命里都潜藏着许多自己也不知道的能量，如果不去尝试，这些能量永远没有机会大放异彩。只要我们勇敢地向前走一步，那些像火山一样炙热的才情也许会喷薄而出。世上许多美好的东西最初也许只是一次不经意的尝试。

意大利画家达·芬奇做学徒的时候，才华深潜未露。当时，他的老师是个很有名望的画家，年老多病，作画时常感力不从心。

一天，他要达·芬奇替他画一幅未完的作品，年轻的达·芬奇只是个学徒，他十分推崇老师的为人和作品。他根本不敢接受老师的任务，他缺乏自信，更害怕把老师的作品给毁了。可是，这位老画家不管达·芬奇怎么说，一定要他画。

最后，达·芬奇战战兢兢地拿起了画笔，很快，他进入了人画两忘的境地，内心的艺术感受喷薄而出。画完成后，老画家来画室评鉴他的画，当他看到达·芬奇的作品时，惊讶得说不出话来。他把年轻的达·芬奇抱住："有了你，我从此不用作画了。"

从此以后，达·芬奇找回了自信，他的才情得到了最大限度的发挥，终成一代大师。

达·芬奇的故事告诉我们，人有时候并不了解自己。在一项充满挑战的工作面前，大多数人会觉得自己不配，没有本事，没有能力去完成，这样我们就会永远活在自己设置的阴影中。其实，尝试可以使我们发现自己生命中许多优秀的潜能。

所有的失败都陷于半途而废的泥潭，而所有成功的人几乎都从倦怠的泥潭中突围出来。世上没有等来的伯乐，最好的伯乐往往是你自己。

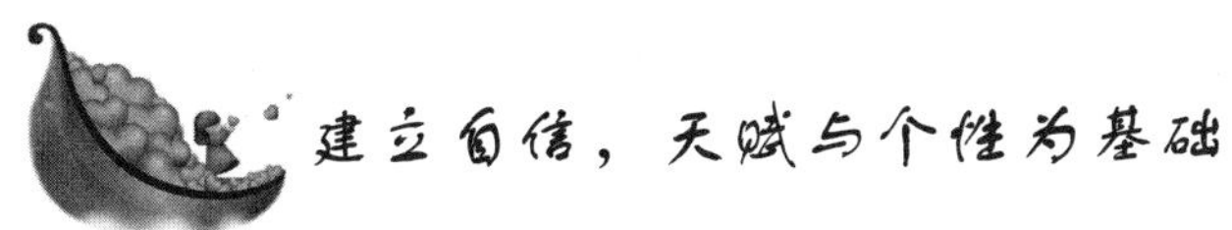

建立自信，天赋与个性为基础

我们与生俱来都有自己独特的天赋和个性。有时候，我们没有珍惜自己的这种天赋与个性，而是觉得别人的东西比自己的更好，羡慕别人，想要做和自己不一样的另一种人。其实这是一个误区。

一个人只能以自己的天赋与个性为基础，做出自己的事业，取得生活中各个领域的成功。如果你不做自己，而去模仿别人，那么结果往往是"东施效颦"，既失去了自己，又无法取得成功，当然，最终你也会失去自信。

在成龙之前，最有名的武打明星是李小龙。而李小龙英年早逝，接下来具有接他班资格的只有成龙。但是成龙开始考虑一个问题，难道完全模仿李小龙吗？做小龙第二吗？也许他有这个能力，有那么高超的功夫，但是，那样无法给观众以新意。因为成为第二远没有成为第一更引人注目。与其成为李小龙第二，不如成为成龙第一！

那么成龙与李小龙有什么不同点呢？他研究李小龙，是那种很酷的、严肃的风格，以超一流的功夫，惩恶扬善的英雄。成龙为了区别于李小龙，根据自己本身活泼、开朗的性格，独辟蹊径，把自己塑造成诙谐、搞笑、友善、有亲和力和正义感的英雄，结果取得了巨大的成功。

如果成龙只是单纯模仿李小龙，恐怕不会站在和李小龙比肩的地位上了。可以想象，那样的话，他的自信也肯定不如今天这样强。

我们的自信应该建立在自己的独特性基础上。我们来到这个世界上，就是要来表现自己的独特性格。无论在生活的哪一方面，我们都要尽可能地做自己，显示出自己的本色。我们应该成为自我的建筑师，接纳自己的性格，设定自己的目标和愿望。不要因为不明的压力，成为别人的影子，或是由他人的经验来塑造自己。

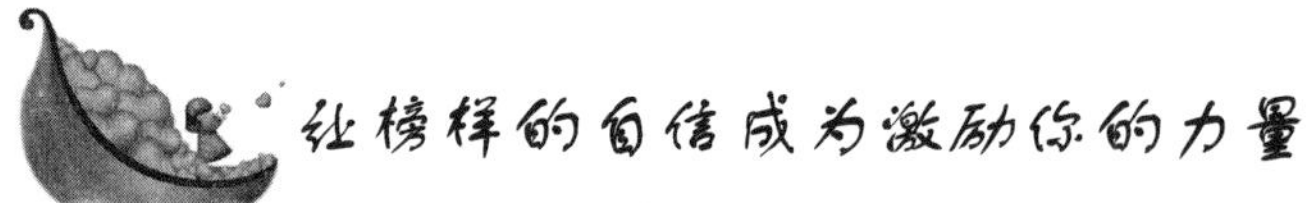

让榜样的自信成为激励你的力量

俗话说，“近朱者赤，近墨者黑”，“挨金似金，挨玉似玉，挨着木匠会拉锯”。跟快乐的人在一起，就学会享受生活中的快乐；跟热心的人在一起，就会变得富有热心；同样，跟自信的人多接触。多去观察和模仿那些自信的人，会使你也越来越自信，因为你可以感染到他们身上的自信。

美国前总统林肯在初当律师的时候，在听到一传教士挥舞手臂、声震长空的布道之后，也学他们的样子，对着树、树桩、成行的玉米练习。不仅如此，他为了学习发表辩护的真实感觉，经常徒步30英里，到一个法院去听律师们的辩护词，看他们如何辩论，如何做手势，而且一边倾听一边模仿。通过模仿那些更成熟、更成功者的自信的举止神态，林肯也变得更加自信了。

在生活中，我们可以给自己找一个榜样，让榜样的自信成为激

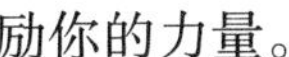

励你的力量。

这就是榜样的力量。正如《富爸爸、穷爸爸》一书的作者罗伯特·T·清崎先生说：“英雄人物不仅仅是激励我们，他们还会使难题看起来容易一些。正因为如此，英雄人物激发我们努力做得像他们一样，‘如果他们能做到，那我也能。’”

其实，在你的身边就有许多自信的、成功的人，在你的周围——在工作中、在电视上、在街上、在你的街坊邻居中。毫无疑问，你们已经认识几个了。你有没有利用点时间停下来观察他们所做的事情呢？

与自信的人成为朋友，你可以问有自信心的人，他们为什么要做他们要做的事，大部分人会很乐意地告诉你。

如果你是一个刚进入工作岗位的新员工，你可以找到一个方法让自己尽快进入状态，就是找一个同事中与你这一个阶层相同的佼佼者，以他为榜样，去学习他的工作方法和待人处事的方式，认真去研究。通过观察，与之交流，或许能得到某些信息，然后要分析这些信息哪些有用，做出判断，定一个目标——向他靠拢或者超越他。要想更自信的话，就要比这些人多学一些他们不会的东西，不管你学得怎么样，你在心里肯定会有种优越感，这样也会慢慢培养起自信和斗志的。

如果你周围人都是自信的人，最终你一定会变得像他们一样更加有自信。从现在起，如果你能认清谁有自信心，区分他或她的行为与别人的不同的话，总有一天早晨醒来，你会发现你也是非常幸运的，有着高度的自信心的人。

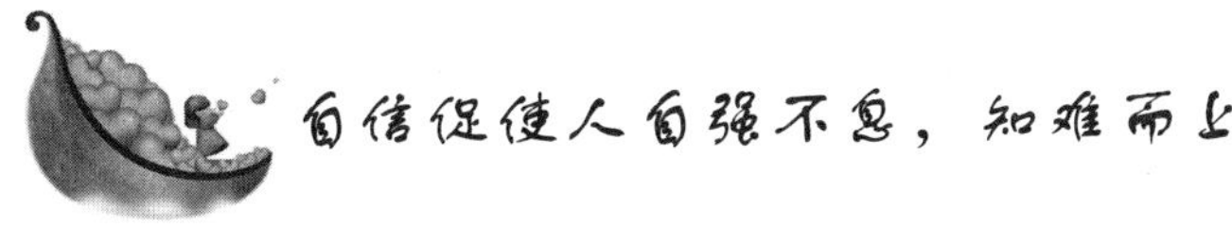

海伦·凯勒（1880～1962 年），美国女学者，生于亚拉巴马州的小镇塔斯康比亚，1 岁半时突患急病，致其既盲又聋且哑。在如此

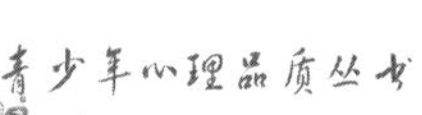

难以想象的生命逆境中，她踏上了漫漫的人生旅途……

人们说海伦是带着好学和自信的气质来到人间的，尽管命运对幼小的海伦是如此的不公，但在她的启蒙教师安妮·莎利文的帮助下，顽强的海伦学会了写，学会了说。小海伦曾自信地声明："有朝一日，我要上大学读书！我要去哈佛大学！"这一天终于来了。哈佛大学拉德克利夫女子学院以特殊方式安排她入学考试。

只见她用手在凸起的盲文上熟练地摸来摸去，然后用打字机回答问题。前后 9 个小时，各科全部通过，英文和德文得了优等成绩。

4 年后，海伦手捧羊皮纸证书，以优异的成绩从拉德克利夫学院毕业。海伦热爱生活，她一生致力于盲聋人的福利事业和教育事业，赢得了世界舆论的赞扬。她先后完成了《我生活的故事》等 14 部著作，产生了世界范围的影响，她那自尊自信的品德，她那不屈不挠的奋斗精神被誉为人类永恒的骄傲。

1 岁半就又盲又聋且哑的海伦，若没有强烈的与命运挑战的勇气和信心，是不可能成长为受世人赞誉的学者的。人生会面对一个接一个的挑战，我们如何面对挑战？倘若自我毫不畏缩，知难而上，并且最终战而胜之，那么，自我将会更加完善和成熟。

在挑战面前，首先要肯定自己，肯定就是力量，就是对自己充满信心。自信可以促使人自强不息，迎难而上，可以发掘深藏于内心的自我潜能。

海伦就是一个强有力的实证。海伦曾说："信心是命运的主宰"。

培养自信的气质十分重要。但自信并非天生的，它是在个人生活、实践中逐渐形成、发展的，认真地总结我们的长处和成功经历吧，让自信给我们力量去迎接人生的挑战，向海伦学习。

然而，海伦并非没有受到过质疑，就在她说出要考入哈佛大学之时，所有人都在怀疑她，认为她在痴人说梦。但海伦却以她的自信和意志顺利通过了考试。这是因为海伦坚定地认为自己可以做到，并在不间断的努力下更加坚定了战胜苦难的信念与勇气的结果。

第三章　相信自己，自信可以创造奇迹

拥有自信的人可以创造人间的奇迹。哪怕现在的你并不十分优秀，成绩不突出，也没有其他特长，可是，只要你拥有自信，你就可以获得行动的勇气，就可以通过努力，去创造别人意想不到的“奇迹”。

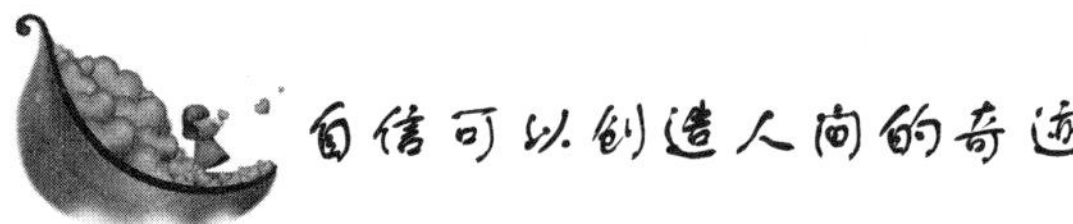

自信可以创造人间的奇迹

拥有自信的人可以创造人间的奇迹。哪怕现在的你并不十分优秀，成绩不突出，也没有其他特长，可是，只要你拥有自信，你就可以获得行动的勇气，就可以通过努力，去创造别人意想不到的“奇迹”。

有这样一则有趣的寓言：从前，在山顶上，一匹狼吃掉了一只羊。这本是不足为奇的，但当时恰好狐狸在场，它便扯开嗓子大喊起来。它本来要喊的是：“羊被狼吃了！”但发生了口误，喊成了：“狼被羊吃了！”风儿把狐狸的话传遍了山林。

羊群听到喊声，精神大振。它们说：“不知哪位同胞给我们羊出了气、争了光，看来狼并不可怕！我们还等什么？冲上去，找狼算总账。”

羊群潮水般地向狼发起了攻击！

同时，狼群也听到了狐狸的喊声，它们一起愣住了：“这是真的吗？如果是真的，那也太可怕了！如果不是真的，狐狸为什么说得如此肯定呢？”

就在它们六神无主的时候，大批红了眼的羊冲到狼群跟前。狼群惊慌失措，撒腿奔逃。

山林中这场追逐很快结束了，羊和狼后来也都知道了真相，它们分别谈了自己的感想。

羊说：“胜利的消息无疑会激励斗志，即使这个消息并不确切。否则，我们怎么会向狼发动攻击并取得胜利呢？”

狼说：“我们过于相信自己的耳朵却忽略了脑子的功能，否则，我们怎么会蒙受如此奇耻大辱？我们不是被羊打败的，是被自己打败的！”

从这个例子来看，以什么样的心态来主导自己的行为是一种习

惯。如果一个学生总是以消极的心态看人待事，那他就会觉得自己身边无比黑暗，脚下无路，危机四伏，自己很难被别人接受与认可，一旦失败，失败就会加强心态的消极。

我们当然不愿意看到自己总是在失败中打转，我们要做自信的“羊”，才能赶走真正的狼。上面那则寓言其实就是要告诉我们，心态是重要的，拥有自信的心态，我们就获得了行动的勇气，就可以创造我们曾经不敢想、也不敢做的事情。

我们保持自信的心态，并积极行动，投入学习，那些消极的心态就没有机会占据我们的头脑。头脑其实也像士兵一样，需要被指挥才能前进。

所以你要给自己的大脑一个正确的方向，这样它才会到达目标。所谓奇迹，便是由自信的心态创造出来的。一个人如果不是一个具有充分自信的人，他就不可能具有挑战的勇气，也绝不会接受挑战，从而也就不可能创造奇迹。

曾经有这样一位老太太，她在古稀之年几乎创造了一个伟大的奇迹。这位老太太那一年已经 70 多岁，虽然她已经有点“老眼昏花”，但是却依然有一个梦想。这一梦想之所以没有消失，就在于她认为，一个人能做什么事不在于年龄的大小，而在于是否还有信心。于是，她在 70 岁高龄之际开始学习登山，其中几座还是世界上比较有名的高山。经过 25 年的磨砺，在她就要满 95 岁高龄的那一年，她登上了日本的富士山，打破了征服此山年龄最高者的纪录。说来，也许你也听说过这名老太太，她就是著名的胡达·克鲁斯。

跟 95 岁高龄的胡达·克鲁斯老太太相比，我们的人生真是才刚刚开始，我们的身体正在成长，我们的心智正在走向成熟，一股旺盛的生命力充盈在我们的身上，但我们是否拥有自信心呢？这是判断我们心理是否年轻的一个标准。虽然胡达·克鲁斯早已年逾古稀，但是她的自信，她的信念和梦想却给予了她内心永久的青春，正是凭借着这种青春般的自信与活力，她创造了一项令人惊叹的奇迹。

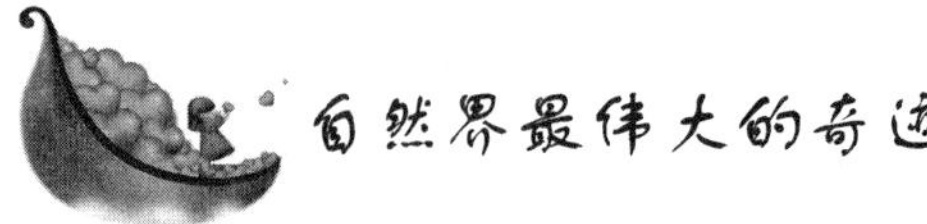

自然界最伟大的奇迹

遗传学家阿蒙兰·辛费特曾说过：“在世界的全部历史上，从来没有别人和你完全一样，在那无限遥远的将来也绝不会再有另一个你的。”

他的思想和奥格·曼狄诺的提法“我是自然界最伟大的奇迹”如出一辙。

你是一个极其特殊的人，为了捍卫生存的权利，出生之前就已进行了优胜劣汰的殊死争斗。那是一场角逐一个单一的目标，即一个含有细微核子的宝贵卵子的大竞争，争夺的目标比针尖还小，精子本身，也要放大几千倍肉眼才能看得到。你一生中最具有决定性的战役，就在这样极轻微的程度下打响了。

精子的染色体，含有由父亲和他的祖先所提供的一切遗传原料与意向；卵子的染色体，含有母亲和她的祖先所提供并可以遗传的特性。你的父亲和母亲，则代表上亿年人类生存斗争的顶点。有一个最快乐、最健康，得到胜利的独特精子，与那正在等待的卵子结合，而形成一个微小的活细胞。

于是，对于你来说，当世最最重要的那个人的生命便开始孕育，而在那一刻你已经是冠军了。当你来到人世间，面对一切实际的目的，无论它有多么高远，你都能达到。因为，你从过去的巨大储藏库中，继承了达到目的所需的一切潜能与力量。

你是与生俱来的冠军，无论妨碍你的是何等的困难和不幸，但与结胎之战时所克服的困难比较起来，前者还不及后者的十分之一。记住：对于活着的人，胜利乃是内藏的，如果你有这样一个认识和信念，必将激发起有助于成功的无比坚定的热忱。

满怀信心地追求奇迹

追求奇迹，并不是要你异想天开，坐在地上不动，一心等着天上掉下来的馅饼砸到自己头上，而是告诉你要以积极乐观的心态，对未来充满憧憬和希望，相信美好的事情终究都会发生。请相信，只要满怀信心追求奇迹，奇迹就会发生。

有一对夫妻正好赶上不景气的时代，和大部分家庭一样，这对夫妻的经济特别窘迫。男人经常发牢骚说："如果能克服这次困难，将来还会有希望，但这是不可能的。"可是具有积极态度的妻子却和丈夫不同，她说："这个问题我们应该能够解决。那不是太大的问题，绝对可以做到!"

他们两人彼此恩爱，妻子一直鼓励着丈夫，在两个人之间保持了信念和乐观的精神。在许多人失业的情形下，这个男人没有失去工作。妻子对丈夫表示的信赖起了大作用。

这个男人名叫亨利，在一家以销售英国毛织品为主的商店工作，有一次他打开商品的捆包，在商品的最上面发现一张折叠的纸条，上面写着："追求奇迹，奇迹就会发生。"他想，究竟是什么人？为什么要写这样的话？顺手就要把纸条丢进垃圾桶里。可是，一个念头阻止了他。他想到拿给妻子海莲看，她一向喜欢这种胡闹的东西，便放进了口袋里。

这天晚上他把那张纸条拿出来放在桌子上。

"有个很好玩的东西。今天我打开的箱子里，一个英国怪人放了这张东西在里面。一定是头脑有问题的人。"

妻子看了以后，盯着那张纸条想了一会儿。

"不，亨利，把这张纸片放在箱子里的人不是怪人，更不是头脑有问题的人。这个人或许和我们一样有过艰苦的时日，是这种与众不同的方法帮助他克服了困难……有很多事情我们现在还不知道如何解决，所以先拿一个小问题来实验一下，让我们一同祈求奇迹出现吧！”

“算了吧。只有童话故事里才会有奇迹出现，那是像梦一样不实在的东西。在这科学的时代不会发生奇迹的。”丈夫这样说完后，就开始了夫妻间常有的拌嘴。

海莲走到书架旁说：“看看我们的朋友韦伯斯先生是怎么说奇迹的。”

她查阅韦伯斯字典“奇迹”一字的说明。然后高兴地说：“上面写的不可思议的事情，可是并没有说是不科学的。也许我们是把超过我们理解力之外的东西称为奇迹，把能理解的当作科学的知识。飞机在以前是属于奇迹的不可思议的东西，电灯和电话也是。超越现代医学知识的治病方法或心灵现象等，现在称为奇迹的，未来一定会成为科学知识的一部分。到最后也会证实信仰乃是创造一切科学法则的一部分。”

丈夫听了，好像慢慢能理解她要表达的含义了。

“你真聪明。”亨利只有钦佩的份儿，“也许你说得对。”

于是两人就决定拿比较小的问题来祈求发生不可思议的事——奇迹。妻子以信心十足的积极态度，丈夫则以稍许缺乏信心的态度追求奇迹。

但即使没有很大的信心，积极的思考仍具备相当的力量。《马太福音》里是这样写的：“只要你有一粒芥菜种子大的信仰，就没有任何事情你做不到。”

而后不久，亨利和海莲经历了非常不可思议的事情，使他们高兴极了。他们两个人尝试“追求奇迹，奇迹就会发生”的结果开始显现。虽然不是他们所希望的结果，也不是他们认为需要的那种结果，但那确实解决了他们的问题。于是亨利开始真正相信奇迹了。

他们两人的人生会发生这样的奇迹，是因为有积极态度的海莲，抛去了不可能的想法，相信奇迹终会产生。

最后，亨利自然也变成了非常杰出的积极思考者。对他来说，这样的转变绝不是容易的事。可是相信了人会成为如自己所想象的那种人，会发生如自己所想象的那种事，他就能和妻子分享积极思维了。两个人成为拥有“积极思维”的夫妻。

后来，这对夫妻自己开始做生意。几年后，这对夫妻获得了他们期盼的奇迹一拥有了一套豪华别墅。

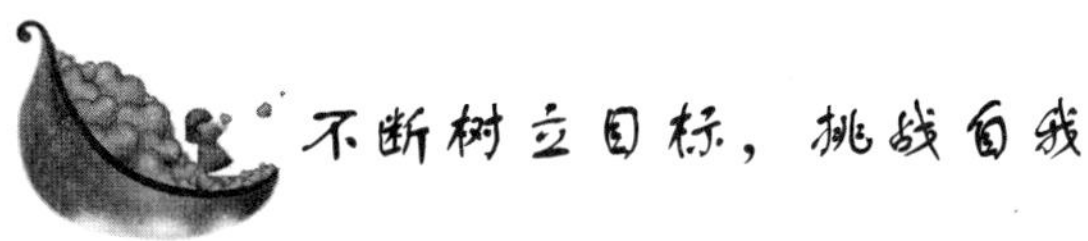

不断树立目标，挑战自我

1994 年 5 月 3 日，11 发半自动狙击步枪子弹射入了德瑞克的体内，穿透了他的骨头、肌肉和器官，这只有不到 3 秒钟的时间。他倒下去后，开始往火线外面爬。等到 3 小时后得到救援时，他身上的血已经流失了近 80%——现场的医生说他距离心脏停止跳动只有 30 秒钟。

德瑞克一直喜欢挑战自我，设定新的目标，并看着自己实现。由于自己的职业，他还得为最糟糕的情况做准备。

作为澳大利亚公安部特别行动组的精英之一，他曾很多次因演习而被子弹击中。他的行动计划非常具体，甚至包括如果被击中的话，他该让自己的身体如何应付。他经常付诸实施，他并不是悲观，只是很现实。

那天在澳大利亚迷人的拜瑞沙峡谷中执行任务时，他不仅被击中了，而且快死了。他自己很清楚这一点。“我给自己定了一个目标——活下去，和我的孩子们在一起，哪怕坐在轮椅上。”当他被持枪的歹徒击中后无助地倒在地上时，他把自己的精神目标付诸行动。当他感觉到自己由于失血爬不动时，他开始控制自己的行动。他告诉自己要保持平静，放慢呼吸、调整脉搏，以减少失血。

他集中所有的意念使自己活下去，以便当他的孩子们遇到考验和磨难时，他能够帮助他们。通过明智的努力，德瑞克活下来，再次看到了他的家人。

德瑞克被送到了医院后，最初的 7 个小时内，他活下去的机会只有一半。当脱离了重病特别护理后，他经历了一系列手术，但看起来他的腿不能像从前一样活动了。这对于一个身体健康的人来说，是一个很大的打击。

他说："我陷入了困境，我知道我不能改变过去，但为了使我的未来更好一点，我必须面对这种情形。"

德瑞克舍不得放弃自己深爱的工作。于是，他又为自己设定了一个远大的目标：重新加入特别行动组。别人都觉得这是不可能的，他们认为医生的估计是对的，他永远不能再像正常人一样走路了。

德瑞克把重返特别行动组的目标分解成一个个小的目标。

他说："首先，是站起来，然后绕着床走。我能看到自己实现了每一个目标，而且，当我快实现一个目标时，我给自己设定下一个。"恢复对于德瑞克来说，就是一系列的挑战性目标。

此外德瑞克还告诫自己要坚持。德瑞克如此努力，以至南澳大利亚病理学协会盛赞他的坚持，承认他对生理恢复做出的贡献。

1997 年，德瑞克令人出乎意料地重新加入了特别行动组。他还参加了精英军事行动以及救援和高危的行动。

一个人的潜能是无限的，要激发这种潜能，需要很大的决心和毅力，更需要给自己不断地树立目标，不断地挑战自我，一个人的能力也全在这一次次的对自我的挑战中不断提高。

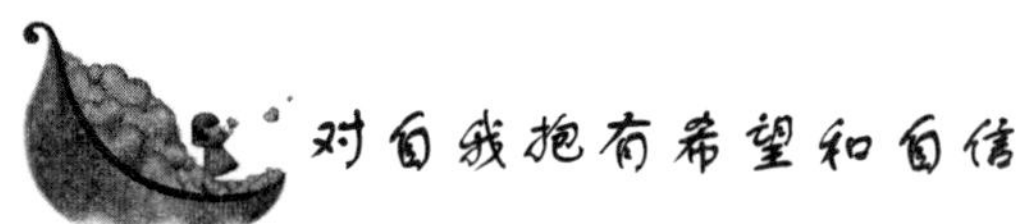

对自我抱有希望和自信

人人都想发挥潜能，人人都想成功。每一个人都想要获得一些最美好的事物。没有人喜欢巴结别人，过平庸的生活，也没有人喜欢自己被迫进入某种情况。

奥格·曼狄诺发现，最实用的激发潜能经验，可在《圣经》的章节中找到，那就是"坚定不移的信心能够移山。"可是真正相信自己能够移山的人并不多，结果，真正做到"移山"的人也不多。

有时候，你可能会听到这样的话："光是像阿里巴巴那样喊'芝麻，开门!'就想把山真的移开，那是根本不可能的。"说这话的人把"信心"和"希望"等同起来了。不错，你无法用"希望"来移动一座山，也无法靠"希望"实现你的目标。

但是，你要告诉自己，信心和希望同样重要。

一个人若丧失了希望之光，陷入无力自拔的境地，不啻是精神扭曲和残废。你将感到沉重的压抑，如同羁禁于人生的囚笼。这种情形持续的时间越长，带来的消极后果越严重。最终，一切希望都化为乌有时，开始是精神接着肉体都将衰败、恶化。"希望"本来纯粹是精神意义上的，你可以摒弃它，也可以视其为生命不可缺少的一部分，决定权完全在于你自己。

对自我抱有希望和自信是同等重要的。两者互为依存、不可缺少。希望意味着相信自己有能力生活得更好，要使希望成为现实，你就得有足够的自信心，而自信心产生于行动中，绝非源于不切实际的幻想或空谈。希望属于精神，自信属于行动。你必须摒弃那种一切都是无望的观念。相反，一切都是有希望的。不要计较客观环境，以希望的眼光去看待事物，将有助于你果断地采取自信的行动。幸存的战俘以亲身经历证明了希望的重要性。威廉·尼荷斯，曾被叛乱者监禁于委内瑞拉的原始丛林中长达三年之久，最后获救。他将自己的生还归结于自始至终不曾放弃生存的希望。

相信自己，绝不放弃自己作为一个独特的、重要的个人具有内在的充实感，希望才能飞临你的身旁。换言之，只有全身心地投入生活，你才能获得希望。除此，没有它途！这里，也没有什么神秘可言，只要你下定决心排除外界的干扰，对可能遇到的困难的风险有充分的心理准备，你就完全可以改变自己的生活，在行动中发现自己生存的目的和意义。当然，每个人的情况不同。你的邻居或许愿意成为一个牧羊人；你的姐姐或许愿意经营自己的书店；你父母或许热衷于旅游；你的弟弟身为辩护律师，因为解决了一个疑难案件而感到内心充实。所有这些或许都不适合于你，但只要你不怕冒险、不怕失败、勇于创新、大胆尝试，你一定能在生活中找到自己的位置。害怕失败的心理是你追寻自己生存目的、使命感的最大障碍之一。

《从失败到成功的销售经验》一书的作者弗兰克·贝特格写道："坚强的自信，常常使一些平常人也能够成就神奇的事业——成就那些天分高、能力强但多虑、胆小、没有自信心的人所不敢尝试的事业。"

你的成就大小，往往不会超出你自信心的大小。假如拿破仑没有自信的话，他的军队不会爬过阿尔卑斯山。同样，假如你对自己的能力没有足够的自信，你也不能成就重大的事业。不希求成功、期待成功而能取得成功，是绝不可能的。成功的先决条件，就是自信。

自信心是比金钱、权势、家世、亲友等更有用的条件，它是人生可靠的资本，能使人努力克服困难，排除障碍，去争取胜利。对于事业的成功，它比什么东西都更有效。

假如我们去研究、分析一些有成就的人的奋斗史，我们可以看到，他们在起步时，一定有充分信任自己能力的坚强自信心。他们的心情、意志，坚定到任何困难险阻都不足以使他们怀疑、恐惧，他们也就能所向无敌了。

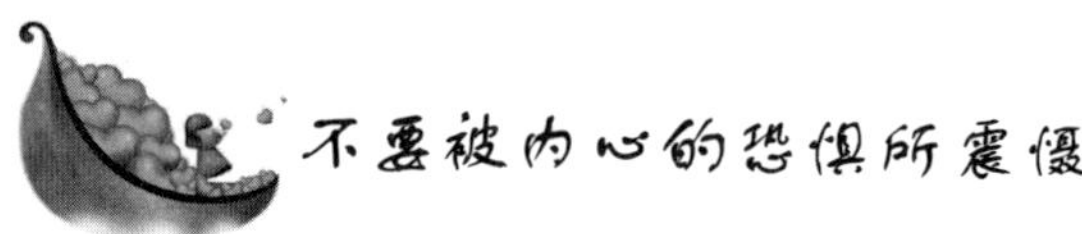

不要被内心的恐惧所震慑

一位心理学家在课堂上讲了心理暗示对于人们造成的重大影响，但是他的很多学生不以为然。他们认为心理暗示不过是某种借口，不存在科学依据。于是，心理学家决定带他的学生们去做一个试验。

他把他的学生们带到了一个没有开灯的黑屋子里，屋子里有一座窄窄的桥。心理学家问："谁敢从这座桥上走过去？"不服气的学生们一个接一个踏上那座窄桥，并顺利地走了过去。

心理学家打开了一盏幽幽的小灯。灯光昏暗，但是学生们看清楚了桥下是漆黑的水潭。谁也不知道那水有多深，而且在幽幽的灯光下，水潭显得更加诡异莫测。心理学家再次问："现在，谁敢从这座桥上走过去？"学生们有些犹豫，但是大部分人还是走上那座桥，依旧小心翼翼走了过去。

心理学家再次打亮一盏灯，这盏灯的灯光较先前的那盏亮多了，学生们看到水潭里的景象，心头不禁打个冷战。只见水潭里有数不清的蛇游来游去，有一条眼镜蛇还吐着长长的信子昂头冲着那座桥。学生们无不倒吸一口冷气，心里在庆幸自己幸好没有掉下去。心理学家再次问："这下，谁还敢走过那座桥？"几乎没有学生敢再踏上那座桥了。

这时，只见心理学家踏上了那座桥，稳稳地走到了对面，学生们都惊呆了。

心理学家没有说话，只是再次打亮一盏更亮的灯让学生们细看，原来桥和水潭之间密布着一张细细的铁丝网，学生们面面相觑。心理学家这时开口了：

"同学们，这就是我们心灵的力量。我们不知道，恐惧正是来自于我们的内心。在灯开亮之前，我们所有人都能够小心地走过那座桥，那时候，黑暗对我们来说，不值得恐惧。反而是黑暗让我们变得小心，而不至于出错。但是，当灯被一盏盏打亮，我们被自己内心的恐惧限制住了，反而不敢迈步走向那座桥。其实，我们任何一个人都可以走过那座桥。那座桥，就是我们内心的力量。只要我们不被自己内心的恐惧所震慑，我们都有能力轻松地过桥。"

我们常说：无知者无畏。这是一种贬义的说法。有时候，正是由于不知道面临着怎样的境况，我们才会无畏地去面对生活，也相信自己能够克服任何困难。但是，一旦我们清楚地看到了自己的处境，我们反而会被自己的心灵限制住，而无法成功战胜那些本来可以克服的困难。

任何时候，都不要被自己内心的恐惧所震慑，这才是我们成功的开始。

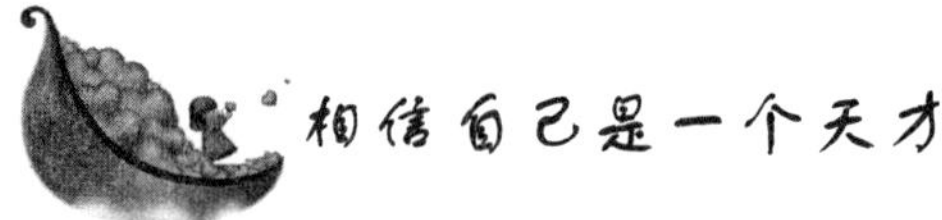

相信自己是一个天才

不管什么时候，你都要有自信，不管做什么事情，你都要认为自己能够做到最好。只要你拥有了信心，再加上你自身的努力，你就一定会获得成功的青睐。记住，只有你自己相信自己是一个天才，那么，你才会成为一个天才。

麦琪是学期中间被调到这个学校的，校长要她当四年级二班的班主任。他说这个班级的学生很“特别”。

第一天走进教室，麦琪先被吓了一跳：横飞的纸团、架在桌子上的脚、震耳欲聋的吵闹声……整个教室活像混乱的战场。麦琪翻开讲台上的点名册，看到上面记录着 20 个学生的智商分数：140、141、160……在美国，学生入小学都要测试智商，按智商分快慢班。正常人的智商在 130 左右。麦琪恍然大悟，噢！怪不得他们这么有精神头，原来小家伙们个个都是天才！麦琪为能接手这么高素质的班级而暗自庆幸。

刚开始，麦琪发现很多学生不交作业，即使交上来的也是潦草不堪，错误百出。麦琪找孩子们单独谈话。“凭你的高智商，没有理由不取得一流的成绩，你要把潜力发掘出来。”她对每个学生这样说。

整个学期里，麦琪不断提醒同学们，不要浪费他们的聪明才智和特殊天赋。渐渐地，孩子们变得勤奋好学，他们的作业准确而富有创造力。

学期结束时，校长把麦琪请到办公室。“你对这些孩子施了什么魔法？”他激动地问，“他们统考的成绩竟然比普通班的学生还好！”

“那很自然啊！他们的智商本来就比普通班学生要高呀，您不是也说他们很特殊吗？”麦琪不解地问。

“我当时说二班学生特殊，是因为他们有的患情绪紊乱症，有的

智商低下，需要特殊照顾。”

“那他们的智商分数为什么这么高?”麦琪从文件夹里翻出点名册，递给校长。

“哦，你搞错了，这一栏是他们在体育场储物箱的号码。”原来这个学校的点名册，在一般学校标智商分数的地方，注的是储物箱号码。

麦琪听了，先是一愣，但随即笑道：“如果一个人相信自己是天才，他就会成为天才。下学期，我还要把二班当天才班来教!”

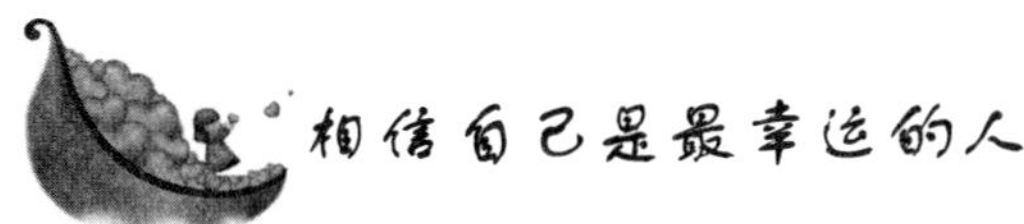

相信自己是最幸运的人

在日本有一个贫寒的家庭，父亲整天辛辛苦苦地工作养家，他的儿子很懂事，从不向父母提什么过分要求。

有一天，儿子突然眉头紧锁。细心的父亲关切地问儿子为什么事发愁，儿子吞吞吐吐地说：“同学们都有自行车，只有我没有。”

父亲沉默了，因为家里实在没有多余的钱。

过了几天，儿子欣喜地跑回家对父亲说：“爸爸，给我两元钱吧。我要玩转盘游戏，奖品有自行车。”

父亲看着儿子渴望的眼神，马上掏出两元钱交给儿子。

不大一会儿，儿子就垂头丧气地回来了，他说：“我是世界上最不幸的人。”

父亲又一次沉默了。

第二天，父亲拿出两元钱，让儿子再去试一下运气，并且告诉他：“这一次，你说不定可以成为世界上最幸运的人。”

儿子迟疑不决，但在父亲的鼓励下，还是拿着两元钱走了。这次，儿子是蹦蹦跳跳地跑回家的，他大声说：“我中了自行车，我是世界上最幸运的人，再大的困难也难不倒我了。”

怀着自己是世界上最幸运的人的信念，若干年后，儿子终于事业有成，不但拥有了不薄的家产，而且成为了著名的学者。但不管他的事业多么辉煌，财产多么丰厚，那辆破旧的自行车他却一直保存着。

在那位父亲临终前，他把儿子叫到床前说："孩子，你知道当初那辆自行车是怎么中的吗？"

儿子困惑地看着父亲，不知道父亲为什么说起了这件事。

"那辆自行车其实是我买的。我从朋友那里借钱买了那辆自行车，然后让玩转盘的老板以中奖的方式交给了你。因为我不想破坏你当时的良好感觉，想让你觉得你是世界上最幸运的人。为此，我整整用了十年才把钱还清。"

这个儿子就是日本著名的心理学家、教育家多湖辉，他的一个著名的理论就是：让孩子觉得他是最幸运的人，那么他一定能成为最成功的人！

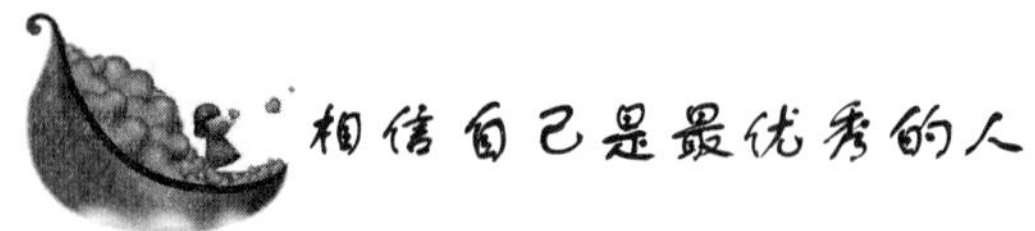

相信自己是最优秀的人

有这样一个关于军人和成功学大师拿破仑·希尔的故事。

多年以前，一个年轻的退伍军人来找希尔。

这位军人想要找一份工作，但是他觉得很茫然也很沮丧：只希望能养活自己，并且找到一个栖身之处就够了。他黯然的眼神告诉希尔，哀莫大于心死。这一个年轻人本来前途大有可为，但却胸无大志。希尔非常清楚，是否能够赚取财富，都在他的一念之间。

于是希尔问他："你想不想成为千万富翁？赚大钱轻而易举，你为什么只求卑微地过日子？"

他回答："不要开玩笑了，我肚子饿，需要一份工作。"

希尔说，"我不是在开玩笑，我非常认真。你只要运用现有的资产，就能够赚到几百万元。"

"资产？什么意思？"他问，"我除了穿在身上的衣服之外，什

么都没有。”

从谈话之中，希尔逐渐了解到，这个年轻人在从军之前，曾经担任富勒·布拉许的业务员，在军中他也学得一手好厨艺。换句话说，除了健康的身体、积极的进取心，他所拥有的资产，还包括烹调的手艺及销售的技能。

当然，推销或烹饪并无法使一个人晋身百万富翁，但是这个退役军人找到了自己的方向，许多机会就会呈现在眼前。

希尔和他谈了两个小时，看到他从深陷绝望的深渊中，变成积极的思考者。一个灵感鼓舞了他：“你为什么不运用销售的技巧，说服家庭主妇，邀请邻居来家里吃便饭，然后把烹调的器具卖给他们?”

希尔借给他足够的钱，买一些像样的衣服及第一套烹调器具，然后放手让他去做。

第一个星期，他卖出铝制的烹调器具，赚了 100 美金。第二个星期他的收入加倍。然后他开始训练业务员，帮他销售同样式的成套烹调器具。

过了四年以后，他每年的收入都在 100 万元以上，他还自行设厂生产。

很多人对自己没有信心，认为自己没有信心，认为自己没成功的机会，其实，我们只有去行动了，才会知道有什么样的结果。

1960 年，哈佛大学教授罗森塔尔博士在美国加州一所学校进行了一项试验。他声称，他制造出一种仪器，能够找出最优秀的人，并能发现那些将来会出人头地的人。他先从教师中选出几个人，然后又从全校的班级中选出几个班的学生作为实验对象。他对选出的老师说：“我从全校的老师中选出你们几位，因为你们是最优秀的老师。这几个班级的学生也是最聪明、最有可能有所成就的学生，他们将由你们来教。我相信，最优秀的老师和最聪明的学生的组合，将会产生非凡的教学结果，我的仪器不会出错。”

一年过去了，当罗森塔尔博士再次来到这所学校时，他发现那些老师个个表现优异，而他们所教的班级也成为整个学校的明星班级。罗森塔尔再次召集这些老师开会，他对老师们透露说：“实际上，我并没有那样一种预测未来的仪器。那些学生都是最普通的学生，我只是随机抽取了几个班级。”

老师们对此一阵诧异。罗森塔尔博士接着说：“实际上，各位老师也并不是我挑选的最优秀的老师，而是我随手抽调出来的。你们是些普通的老师，教的是普通的学生，但是你们取得了这样的好成绩。各位老师一定知道原因在哪里。”

一位老师说：“是的，博士。我知道，当我们被告知是最优秀的时候，我们就努力做最优秀的。我们的学生是聪明的、与众不同的。他们犯错误时，我们也一样有耐心帮助他们，因为他们是聪明人，他们只是无意中出了错。我们从来不打击批评学生，我们鼓励他们做到最好。我们都认为自己是不普通的，于是我们就不再普通。”

罗森塔尔听完，会心地笑了。人人都可以不普通的。如果你在心里认为自己是最优秀的人，你就会按照最优秀的人的标准来要求自己。如果你相信自己能够成功，你就一定能成功。只有先在心里肯定自己，你才能在行动上充分地展现自己。

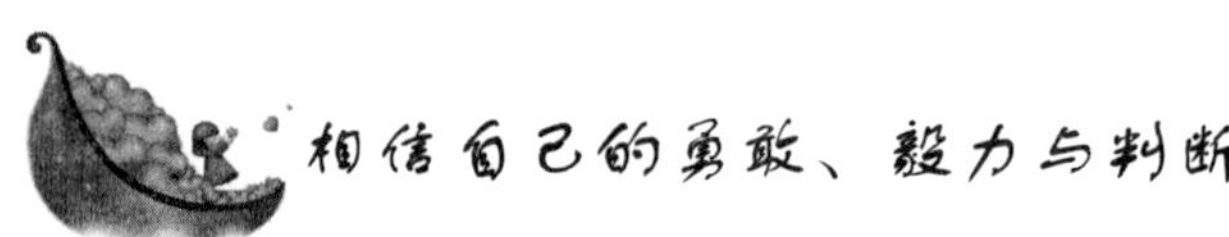

相信自己的勇敢、毅力与判断

一个人应养成信赖自己的习惯，即使在最危急的时候，也要相信自己的勇敢、毅力与判断。

只要自己心中有一个标准，做到客观的、理智的、全面的衡量、分析和判断，就能做出比较正确的选择和决定。但是，由于一个人的知识、经验、思维都是有局限性的，所以听取别人的意见也很重要，但决不能盲目自信或者不辨是非地盲目听从他人意见，那是不理智的，容易导致错误。千万不要像下面这则寓言中的教士一样。

有一位教士，从一个村庄回家，经过一个集市，看见一只漂亮的小鸟，他买下了它。心想这只鸟这么胖，毛色这么好，煮来吃一定不错。

小鸟看出了教士的心思，急忙说:“不要!”教士吓了一跳，“怎么，你还会说话?”小鸟说：“是啊，我不单会说话，我还不是一只普通的鸟呢。我在鸟的世界里几乎也和你一样，是个传教士呢。如果你答应放我并让我自由，我给你三条让你受益匪浅的忠告。”教士以为这只会说话的小鸟一定很有学问，就同意了。

于是小鸟给了他三条忠告：

第一条：永远不要相信谬论，无论是谁说的，不管他多么著名，多么权威。

第二条：无论你做什么，始终了解自己的局限。

第三条：如果你做了好事，就不必后悔，只有做了坏事才需要后悔。多么精妙的忠告，于是那只小鸟自由了。

教士一边高兴地往家里走，一边想这真是布道的好说辞，我将把这三条忠告写在我房间的墙壁上、桌子上，这样我就能记住它们。这将非常有教益。

这在这时，他突然看见那只小鸟站在一棵树上，放声大笑。教士问它为什么那么笑，小鸟说：“你这个傻瓜，在我肚子里有一颗非常宝贵的钻石，如果你当时杀了我，你会成为世界上最富有的人。”教士有些后悔了，脸上表现出悔色。

于是扔掉手里的书开始爬树，他一生中从未爬过树，更何况他已经老了。他向上爬一点，小鸟就飞向更高的树枝，最后小鸟飞到了树的顶端，在差不多要被教士抓住的那一刻，教士却摔下来了，而且还伤得不轻。

小鸟目睹了这一切后说：“瞧你！你现在相信了我的谬论，一只小鸟肚子里怎么会有宝贵的钻石呢？随后你尝试了不可能——你从没有爬过树，更何况你怎么可能空手抓住一只会飞的鸟？最后，你使一只小鸟自由了，你做了一件好事，但你却后悔了。”

教士的错误在于自己不做客观的分析和判断，盲目地相信别人的话，自己不动脑子，以致三条忠告都违反了，徒劳无获。作为教士，做出这样的事情，很具有讽刺意味。现实中遇到事情一定要冷静分析，让自己去做客观的判断，可别犯教士的错误。

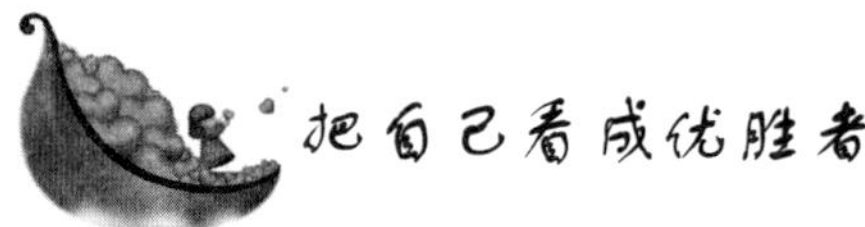

把自己看成优胜者

《从失败到成功的销售经验》一书的作者弗兰克·贝特格讲过这样一个故事：一个纽约的商人看到一个衣衫褴褛的铅笔推销员，顿生一股怜悯之情。他把1美元丢进卖铅笔人的盒子里，就准备走开，但他想了一下，又停下来，从盒子里取了一把铅笔，并对卖铅笔的人说："你跟我都是商人，只不过经营的商品不同，你卖的是铅笔。"

几个月后，在一个社交场合，一位穿着整齐的推销商迎上这位纽约商人，并自我介绍："你可能已经记不得我了，但我永远忘不了你，是你重新给了我自尊和自信。我一直觉得自己和乞丐没什么两样，直到那天你买了我的铅笔，并告诉我是一个商人为止。"

"推销员"一直做乞丐，不就是因为缺乏自信心吗？就是从纽约商人的一句话中，"推销员"找到了自尊和自信，并开始了全新的生活，从中不难看出自信心的威力。缺乏自信常常是性格软弱和事业不能成功的主要原因。对此，贝特格曾有过切身的体会。

贝特格曾参加过一个在北卡罗来纳州查勒提开办的由田纳西纳什维尔的梅里尔指导的全日制培训课程。培训结束后，梅里尔先生将贝特格留下说："你有许多能力，你可以成为一个了不起的人，甚至一个全国优胜者。我绝对相信，如果你真正投入工作，真正相信自己，你能冲破一切困难获得成功。"

说真的，贝特格细细品味这些话时，他惊呆了。你必须理解贝特格当时的处境，才有可能意识到这些话对他有多大的影响。他回忆道："当我是个小男孩时，我长得很小，即使在穿得最多时也没超过120磅。我上学后，从五年级开始，放学后和周六的大部分时间都在工作，运动方面也不是很活跃。另外，我还很胆小，直到17岁才敢和女孩约会，而且还是别人指定给我的一个盲目性约会。一个从小镇中出来的小人物，希望回到小镇上一年赚上5000美元，我的自我意识仅限于此。现在却突然有一个受我尊敬的人对我说‘你能成为一个了不起的人’。”所幸的是，贝特格相信了梅里尔先生，开始像一个优胜者一样思想、行动，把自己看成优胜者，于是，他真的就像个优胜者了。

贝特格说：“梅里尔先生并未教很多推销技巧，但那年年底，我在美国一家有70多名推销员的公司中，推销成绩列第2位。我从用克莱斯勒车变成用豪华小汽车，而且有望获得提升。第二年，我成为全州报酬最高的经理之一，后来我成为全国最年轻的地区主管人。”

贝特格遇到梅里尔先生后，并不是获得一系列全新的推销技巧，也不是他的智商提高了50点，只是梅里尔先生让他确信自己有获得成功的能力，并给了他目标和发挥自己能力的信心。如果贝特格不相信梅里尔先生，梅里尔先生的话对他就不会有什么影响。

奥格·曼狄诺曾说过：“生活对于任何一个男女都非易事，我们必须要有坚韧不拔的精神；最要紧的，还是我们自己要有信心。我们必须相信，我们对一件事情具有天赋的才能，并且，无论付出任何代价，都要把这件事情完成。当事情结束的时候，你要能够问心无愧地说：‘我已经尽我所能了。’一个人只要有自信，那么他就能成为他希望成为的那样的人。”

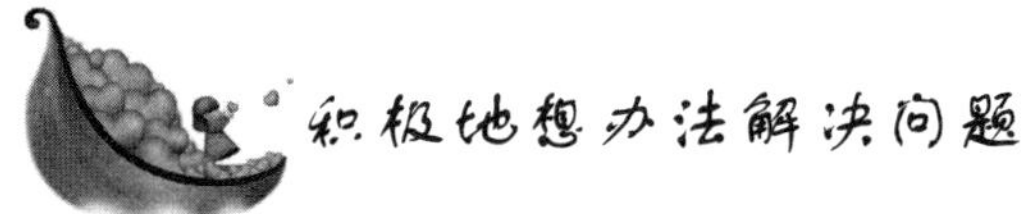

积极地想办法解决问题

15岁的男孩哈里希望在暑假里自己能够工作赚钱，这样就不需要整个夏天都要向父亲伸手要钱了。想想用自己赚来的钱买冷饮，以及和朋友们开篝火晚会，他就觉得兴奋极了。

于是，他便对父亲讲了自己的想法。父亲想了想说，这时候找工作的人太多了，而你又年纪太小，不一定好找工作，我会替你留心的。但是哈里认为虽然暑假里找工作的人较多，但是自己还是可以找到工作的。

他开始认真地看报纸上的广告栏。终于，他找到了一个适合自己的工作。那个广告中说，所有想要应聘的人要在第二天早上8点钟到公司面试。哈里太高兴了，他对那个工作志在必得。

第二天，不到8点钟，他就已经按照报纸上的地址找到了那家公司。但是，让他吃惊的是，他的前面已经排了20个男孩。那些男孩子和他年龄差不多，而且衣着整洁，都是一些讨人喜欢的孩子。哈里想，他是第21个被约见的人，也许不等他和主考官见面，他们就已经选定了人。

哈里皱了皱眉头，他太希望得到那份工作了，他一定要想一个办法让自己如愿。怎样让自己引起注意并竞争成功呢？哈里苦苦思索着。他知道，他要得到这份工作，就必须使自己和这些男孩子们不同，但是又不能因为显示自己的不同而让人轻视。终于，他想出了一个办法。他拿出一张纸，在上面写了一段话，并把纸叠得整整齐齐，然后走到负责接待的秘书小姐那里，有礼貌地说："小姐，请你马上把这张纸条交给你的老板，这非常重要。"

秘书狐疑地看了看这个彬彬有礼的男孩。她收下了纸条，说："好吧，让我来看看这张纸条吧。"她看了之后，忍不住微笑起来，快步走进了老板的办公室，把纸条放在了桌子上。老板看到纸条，哈哈大笑，说："不用选了，让第21个男孩进来，他就是我要找的人。"

哈里如愿以偿地得到了那份工作。因为他的纸条上写着："先生，我排在队伍中的第二十一位，在你没有看到我之前，请不要做任何决定。"

哈里是个聪明的孩子。在遇到众多的竞争对手时，他并不气馁，也不沮丧，而是充分发挥自己的能动性，积极地想办法解决问题。一个会动脑筋的人总是能够解决自己遇到的难题，并能够掌握自己的命运。

很多时候，我们都会遇到这样看似很困难的问题。这个时候，灰心失望并不能够帮助我们，因为如果我们认为问题难以克服，那问题就真的变得难以克服了。但是只要我们相信自己能够解决问题，积极地开动脑筋想办法，我们就一定能够克服困难。

“自我暗示”的力量是无穷的

暗示的力量是无穷的，只要你能够正确运用它，它就会为你的人生带来幸福和快乐。

一个刚刚出道的歌手，因被邀请参加某次大型演唱会而事先进行试唱。在这之前，她曾经接到过类似的邀请，但是她去试唱了三次，结果都是因为她紧张，三次均被淘汰。尽管她的嗓音很出众，演唱水平不俗，长相也很好，但她总是担心等到她演唱时，评委会给她亮出最低分。因为她总是担心评委们不喜欢她，虽然自己尽力演唱，但是她总是有这种心理，于是她每次参加试唱的时候就心情焦虑，不知道如何是好。她的潜意识接受了这种消极的自我暗示，并对她的试唱产生了致命的影响，使她屡次遭受挫败。

后来，她听从朋友的意见，来到一家心理诊所，接受治疗。在医师的建议下，她开始运用自我暗示的方法，向恐惧感发起攻击。

她把自己关在一个房间里，走到一个带扶手的椅子上，尽量放松心情，让自己的全身都感到很舒适，并慢慢地闭上双眼，均匀的呼吸，逐渐驱走脑中的杂念。这样，她的意识性思维变得驯服了，易于接受自我暗示。她对自己说：“其实，我唱得很好，我很有实力，我可以做到心平气和，非常自信。”

按照医生的建议，她每天都重复做这样的练习。一周以后，她就像变了一个人似的，她不再那么焦虑和恐惧，而是沉着和冷静。她不仅在以后的试唱中通过了评委的审查，而且演唱水平也大幅度提高。

还有两个例子：

一位已经75岁高龄的老妇人，总是对自己和他人说，“我的记性越来越糟糕了。”这样过了不久，原本记忆力还不错的她，真的开始“糊涂”了，刚刚和她说过的事情，她马上就忘记了。当别人提醒她这件事情刚刚和她说过后，她就会感叹“哎呀，我的记性真的是越来越糟糕了”。她的女儿发现了母亲的这一病态，就把她带到了心理医生那里，接受心理治疗。医生告诉她，只要你每天数次对自己说“其实我的记忆力很好。只要我愿意的话，我可以记住任何事物——它们在我大脑中的痕迹，一天比一天清晰。当我回忆起他们时，它们的痕迹便会生动地呈现出来，就像刚刚发生过的一样。”三周以后，这个老妇人的记忆力恢复了正常。

还有一则故事：有个女孩子，平时总是爱发脾气，猜疑心重，家里人都很怕和她说话，稍不留心，可能就会惹来麻烦。这个女孩子很苦恼，她也知道爱发脾气，猜疑心重，不是好事，但是每次她都控制不住自己，事情过后又后悔。后来她接受了医生的建议，经常对自己说：“我的脾气其实很好。我每天都充满了快乐，我和我的家人相处得很好，我很爱他们，他们也喜欢我。我关心他们，体贴他们，我身边的人都因为我的存在而感到幸福快乐。我的良好的修养和高雅的气质，深深地感染了他们。”

一个月以后，奇迹终于出现了，她成了一个气质优雅，活泼热情的好姑娘。

第四章　坚定信念，让生命之舟远航

我们都知道水可载舟，亦可覆舟，但是水只要不渗进船里，船就不会沉。记住一件事，只要确定你是对的，就坚持你的信念，无怨无悔。

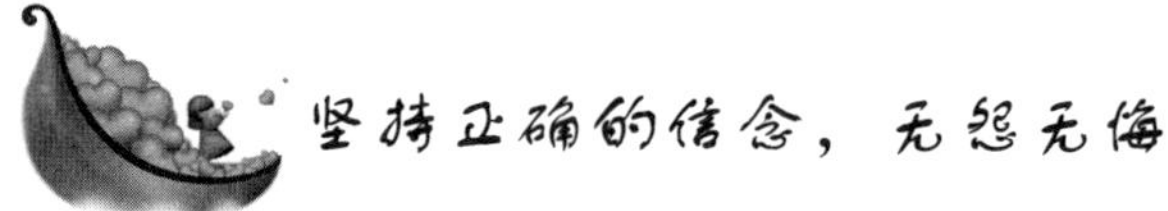

坚持正确的信念，无怨无悔

《信仰的力量》一书的作者路易斯·宾斯托克说：“每一个人，无论是贩夫走卒，还是英雄人物，总有遭人批评的时刻。事实上，越成功的人，受到的批评就越多。只有那些什么都不做的人，才能免除别人的批评。”

你听过塞蒙·纽康这名字吗？这个人出生于1835年，卒于1909年。在莱特兄弟首次飞行成功前一年半，他说了以下的“名言”：“想叫比空气重的机器飞上天，不但不可能，而且毫不实用。”

你知道约翰·莱特福特吗？他不但是个博士，而且当过英国剑桥大学副校长。在达尔文出版《物种起源》这部名著前夕，他郑重指出：“天与地，在公元前4000年10月23日上午9点诞生。”

你听说过狄奥尼西斯·拉多纳博士吗？他生于1793年，卒于1859年，曾任伦敦大学天文学教授。他的高见是：“在铁轨上高速旅行根本不可能，乘客将不能呼吸，甚至将窒息而死。”

1786年，莫扎特的歌剧《费加罗的婚礼》初演，落幕后，拿波里国王费迪南德四世，坦率地发表了感想：“莫扎特，你这个作品太吵了，音符用得太多了。”

国王不懂音乐，我们可以不苛责，但是美国波士顿的音乐评论家菲力普·海尔，于1873年表示：“贝多芬的第七交响乐，要是不设法删减，早晚会被淘汰。”

好吧，乐评家也不懂音乐，但是音乐家自己就懂音乐吗？柴可夫斯基在他1886年10月9日的日记上说：“我演奏了勃拉姆斯的作品，这家伙毫无天分，眼看这样平凡的自大狂被人尊为天才，真教我忍无可忍。”

有趣的是，乐评家亚历山大·鲁布，1881年就事先替勃拉姆斯报了仇。他在杂志上撰文表示：“柴可夫斯基一定和贝多芬一样聋了，他运气真好，可以不必听自己的作品。”

路易斯·宾斯托克说：“真正的勇气就是秉持自己的信念，不管别人怎么说。”

我们都知道水可载舟，亦可覆舟，但是水只要不渗进船里，船就不会沉。记住一件事，只要确定你是对的，就坚持你的信念，无怨无悔。

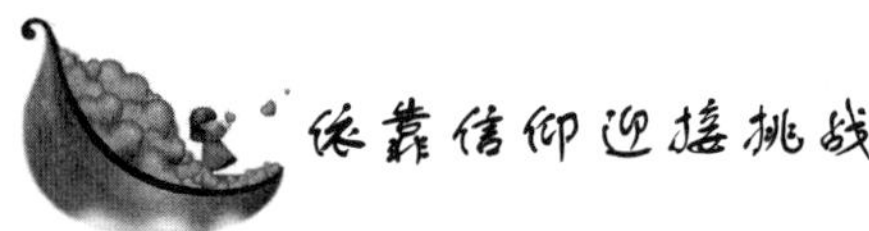

依靠信仰迎接挑战

我们都曾经历过信仰受到生活挑战的考验的时刻。有时候，我们除了信仰就无所依靠。

心理学家福克斯曾与一位朋友在电话里交谈，她正经受着一场医学上的挑战。她必须做一个手术，而这个手术相当危险。在她的病情确诊以后没几天，她又经受了另一次打击。她10岁的儿子被诊断出患有一种会危及生命的永久性心脏病！她对自己的担忧和恐惧很快消散了，她只担心她的儿子！

她打电话来问福克斯：“为什么这些事情都落到我头上？”

福克斯对她说，生活并不公平，就其本质而言，生活是艰难的。无论你有多少钱，有多大影响，有多大权势，当问题是某种你无法控制的事情的时候，生活就会变得极为艰难。在这样的时候，你需要信仰。而且你必须把自己交付给信仰。

福克斯打了一个比方：信仰就像上到一艘船上，而且无论怎样都必须呆在船上。假如船遭遇风浪，你必须待在船上。假如船触礁了，你必须待在船上。如果船翻了，你必须待在船上。即使船沉没了……你还必须待在船上！为什么？因为你会看到，即使船里贮满了水，在风暴里，你还是会得到支撑。

生活中有艰难时刻，暴风雨也会到来，但如果你能等待，并且拥有信仰，你就会得到支撑。

利斯·布朗曾说，生活有时会使你迷失方向，把你击倒在地。但是你必须拥有信仰，以便经受住打击，以便使自己知道未来不会和过去一样。还有更伟大的事在等着你，而你必须用信仰战胜哪些挑战性的时刻。最后，他说："即使你被打倒了，你也要用背着地，因为如果你能向上看，你就能再站起来！"

约翰·A·凯利博士是马里兰州庙山市锡安山大教堂的牧师，该教堂是美国第一大、世界第二大基督教教堂。要建立如此庞大的教众的队伍，并且向他们布道，要面临许多挑战，而他的布道说明了《圣经》上有许多成功的秘诀和线索，只要我们愿意勤奋寻找就能得到，理解这一点是非常必要的。他谈到了这个事实：当你在生活中前进去寻找上帝赐予你的事物的时候，将会遇到问题和挑战。你需要信仰，伟大的信仰，来迎接这些挑战。在《圣经》中，我们到处可见"一定到来"这句话。许多人认为这句话只意味着事情已经发生或者将要发生。它的确有这层意思，但这并不是它的全部含义！当生活中发生了挑战性、困难的事情的时候，我们必须用信仰来理解这句话的另一层意思；一定到来者就一定会过去，到来的就不会停留。

每个人的生活都会面临考验你的信仰和决心的挑战。然而，当挑战到来，它们到来了，就不会再停留，它们必须过去。如果有信仰就会看到我们会因此而成长，正是这种成长把成功者与平庸之辈区分开来。我们都会面临挑战，我们都会经历困难，只要记住"一定到来"，到来者一定会过去而不会停留！拥有信仰，坚持信仰，因为事情到来……还要过去！这种信仰使你相信，你不但能从逆境中生存下来，而且还能兴旺发达。

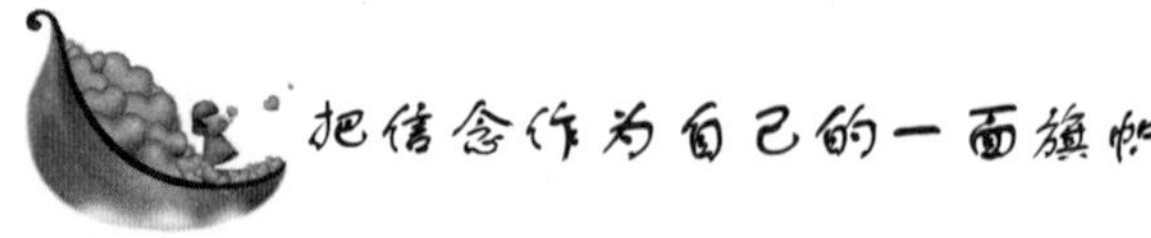

把信念作为自己的一面旗帜

缺乏坚定的信念，是很多人的一大通病，但下面这个人不是这样，他把信念作为自己的一面旗帜。

罗杰·罗尔斯是美国纽约州历史上第一位黑人州长。他出生在纽约声名狼藉的大沙头贫民窟。这里环境肮脏，充满暴力，是偷渡者和流浪汉的聚集地。在这儿出生的孩子，耳濡目染，他们从小逃学、打架、偷窃甚至吸毒，长大后很少有人从事体面的职业。然而，罗杰·罗尔斯是个例外，他不仅考入了大学，而且还成了州长。

在记者招待会上，一位记者对他提问："是什么把你推向州长宝座的?"面对三百多名记者，罗尔斯对自己的奋斗史只字未提，只谈到了他上小学时的校长——皮尔·保罗。

1961 年，皮尔·保罗被聘为诺必塔小学的董事兼校长。当时正是美国嬉皮士流行的时代，他走进大沙头诺必塔小学的时候，发现这儿的穷孩子比"迷惘的一代"还要无所事事。他们不与老师合作，旷课、斗殴，甚至砸烂教室的黑板。皮尔·保罗想了很多办法来引导他们，可是没有奏效。后来他发现这些孩子都很迷信，于是在他上课的时候就多了一项内容一给学生看手相。他用这个办法来鼓励学生。

当罗尔斯从窗台上跳下，伸着小手走向讲台时，皮尔·保罗说："我一看你修长的小拇指就知道，将来你是纽约州的州长。"当时，罗尔斯大吃一惊，因为长这么大，只有他奶奶让他振奋过一次，说他可以成为 5 吨重的小船的船长。这一次，皮尔，保罗先生竟说他可以成为纽约州的州长，着实出乎他的预料。他记下了这句话，并且相信了它。

从那天起，"纽约州州长"就像一面旗帜激励着他。罗尔斯的衣服不再沾满泥土，说话时也不再夹杂污言秽语，他开始挺直腰杆走路。在以后的四十多年间，他没有一天不按州长的标准要求自己。51 岁那年，他终于成了州长。

在就职演说中，罗尔斯说："信念值多少钱？信念是不值钱的，它有时甚至是一个善意的欺骗，然而你一旦坚持下去，它就会迅速增值。"

信念是一种无形的力量，它就像一面旗帜，不断鼓舞人心，让人精神振奋。在信念的感召之下，困难都会迎刃而解，烦恼和痛苦也无法阻挡前进的脚步。只要我们心中怀有一个坚定的信念，并且坚持下去，走向成功就不是什么难事。

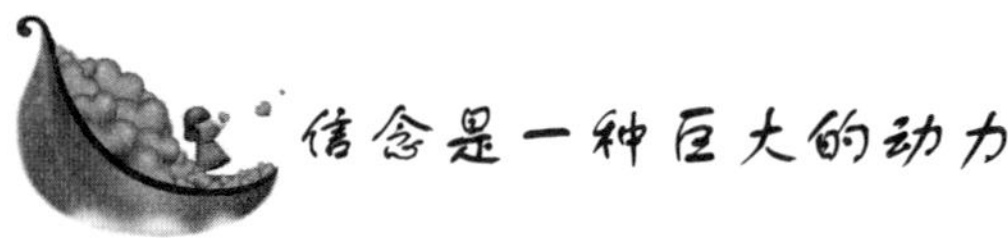

信念是一种巨大的动力

一件发生在美国内战期间的奇特的故事，可以说明信念的魔力。

基督教信仰疗法的创造人玛丽·贝克·艾迪，当时认为生命中只有疾病、愁苦和不幸。她的前任丈夫在婚后不久就去世，第二任丈夫又抛弃她。她只有一个儿子，却由于贫病交加，不得不在他 4 岁那年就把他送走了。她不知道儿子的下落，以后有 31 年之久，都没有再见到他。

因为自己的健康情况不好，她一直对所谓的“信心治疗法”极感兴趣。可是她生命中戏剧化的转折点，却发生在麻省的理安市。一个很冷的日子，她在城里走路时突然摔倒在结冰的路面上，而且昏了过去。她的脊椎受到了伤害，她不停地痉挛，医生甚至认为她活不久。医生还说，即使奇迹出现而使她活命的话，她也绝对无法再行走了。

躺在一张看来像是送终的床上，玛丽·贝克·艾迪打开《圣经》。她后来说，她读到马太福音里的句子：有人用担架抬着一个瘫子到耶稣跟前，耶稣对瘫子说，放心吧，你的罪赦了……起来，拿你的褥子回家去吧。那人就站起来，回家去了。

她后来说，耶稣的这几句话使她产生了一种力量，一种信仰，一种能够医治她的力量，使她“立刻下了床，开始行走”。

“这种经验，”艾迪太太说，“就像引发牛顿灵感的那枚苹果一样，使我发现自己怎样地好了起来，以及怎样地也能使别人做到这一点……我可以很有信心地说：一切的原因就在你的思想，而一切的影响力都是心理现象。”

奥格·曼狄诺指出："只要改变自己的信念，就能改变自己的生活。"

信念不仅会影响一个人的健康，甚至能影响一个人的事业。

成功者能终年一致地施行有效的做法以达成美梦，但到底是什么使他们能坚持不懈地全心投入各种各样事务中呢？

是信念的力量！要取得成功，除了有坚强的意志，还需要有强烈的信念。信念是一种巨大的动力，它可以推动你去做别人认为不可能成功的事情。

几百年来，人们一直认为要在4分钟跑完1英里（约1609米）是件不可能的事。但在1954年，著名的短跑名将罗杰·班纳斯特却做到了。

他之所以能创造这项佳绩，一是得益于体能上的苦练，二是归功于精神上的突破。在此之前，他曾在脑海里多次模拟4分钟跑完1英里，长久下来便成为一种强烈的信念，因而对神经系统有如下了一道死命令，必须完成这项使命。

他果然做到了大家认为不可能成功的事。谁也没有想到，在班纳斯特打破记录的第二年里，竟然有近400人先后也都达到这项记录。

奥格·曼狄诺指出：有了班纳斯特这样的信念，人就能够发挥出无比的动力！

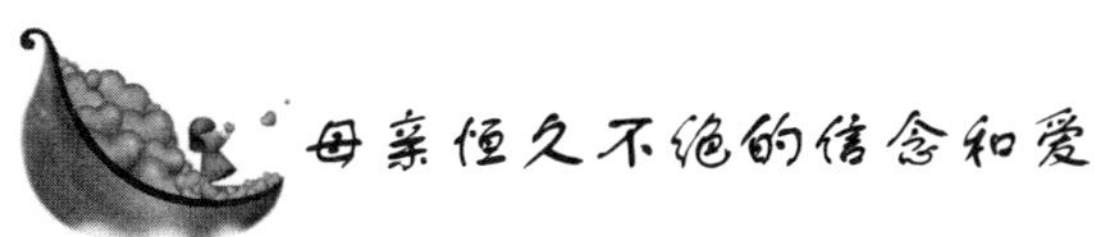

母亲恒久不绝的信念和爱

在这个世界上，有一种信念和爱是永恒不绝的，那就是母爱。母爱是洒落在我们心中的最坚韧的一粒种子，无论何时何地，这粒种子总会有一片适合自己的天，那块地总会有一片收成。

有一个女孩，高中毕业后没考上大学，被安排在本村的小学教书。结果，上课还不到一周，被学生轰下台，灰头土脸地回了家。

母亲为她擦眼泪，安慰她说："满肚子的东西，有的人倒得出来，有的人倒不出来，也许有更合适的事情等着你去做。"

后来，她出外打工又被老板轰了回来：原因是手脚太慢。母亲对女儿说："手脚总是有快有慢的，别人已经干了好多年了，而你一直在念书，怎么快得了。"

女儿先后当过纺织工，干过市场管理员，做过会计，但无一例外都半途而止了。然而每次女儿失败回来的时候，母亲总是安慰她，从来没有抱怨的话。

30 多岁的时候，女儿凭着一点语言的天赋，做了聋哑学校的一位辅导员。后来，她开办了一家自己的残障学校。她又在许多城市开办了残障人用品连锁店。

有一天，功成名就的女儿向已经年迈的母亲问道："妈，那些年我连连失败，自己都觉得前途非常渺茫，可你为何对我那么有信心呢?"

母亲的回答朴素而简单："一块地，不适合种麦子，可以试试种豆子；豆子也种不好的话，可以种瓜果；瓜果也种不好的话，撒上些荞麦种子也许能开花。因为一块地，总会有一粒种子适合它，也总会有属于它的一片收成……"

听完母亲的话之后，女儿落了泪。她明白了，实际上，母亲恒久不绝的信念和爱，就是最坚韧的一粒种子。

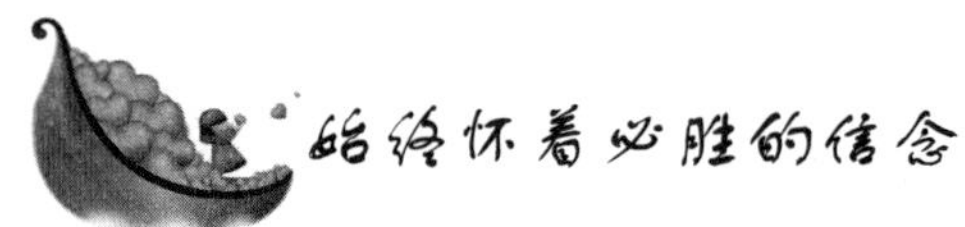

始终怀着必胜的信念

当拿破仑的军队与奥地利军队战斗的时候，拿破仑的心中只有一个信念，那就是：往前冲，战胜敌人！他一直想着怎样打败奥地利军队，因为自己不是打败他们，就是被他们打败。

可是这一次战斗明显是一个力量悬殊的战斗，奥地利军队的人数是拿破仑领导的法国军队的几十倍，而且对方的将领是一位勇猛善战的将领。拿破仑曾经多次与之交锋，但是从来没有像今天这样彼此接近，拿破仑想："也许这一次要和这个奥地利人面对面地搏一搏了。"这样想着，拿破仑又向前跨出一大步，可是奥地利军队却在此时后退了，并且派一名骑兵告诉拿破仑，双方都应该休息休息了。

此时拿破仑身后的一名士兵给拿破仑拿来了一个水壶，拿破仑一边喝水一边看他身后的这些士兵。大家都气喘吁吁地倒在地上，看来大家都累坏了。的确，他们从早上就开始和奥地利军队战斗，这时已经是傍晚了。拿破仑本人也感到自己需要休息一下，于是他让几个士兵拿来干粮，和大家一起坐在地上一边吃着干粮，一边商议如何突破奥地利军队的围攻。

拿破仑领导的军队原本就没有多少人，这一次深入奥地利内部，后面的援兵还不知道什么时候才能到。而现在，拿破仑数了数剩下的士兵，一共只有25个骑兵了，而敌人的数量却有一千余人。也许奥地利人是想今晚好好地睡个觉，然后明天一早将拿破仑及其属下一举歼灭，因为他们今天实在是让拿破仑和他的骑兵们折腾得筋疲力尽了。

拿破仑和他的骑兵们同样十分疲惫，可是，他们却不敢有丝毫懈怠，因为以他们现有的人数，很可能一不小心就会被敌人消灭。

似乎胜败已经分明，可是拿破仑是从来不肯束手就擒、接受失败的。他命令士兵吃完干粮以后迅速清理武器和战马，然后让大家把身上的多余的衣物、水和剩下的干粮全部扔掉，但是一定要留下此前准备好的喇叭。

夜幕降临之时，拿破仑带着这25名骑兵突然冲进了奥地利士兵的宿营地。他让25名骑兵都拿着喇叭边往前冲边大声喊叫，睡梦中的奥地利士兵以为法国援军突然到了，纷纷起来四下逃窜，场面十分混乱。尽管当时奥地利的将领一再让他的士兵坚决抵抗，可是"法国万岁！"的声音仿佛从四面八方传来，英勇的法国士兵所到之处几乎无人能敌。两支军队相遇之后就会引起一阵拼杀，很快，拿破仑与奥地利将领相遇了。奥地利将领看到对方不过二十几人，不由得一阵愤怒，他挥舞着手中的大刀向拿破仑砍去，可是很快就被力大无比的拿破仑擒住了。

战斗结束之后，奥地利将领问拿破仑："到底是什么使你反败为胜？"拿破仑回答："我从来就没有失败过，我始终怀着必胜的信念与你们战斗，即使在只有25名骑兵时，我也没有想到过接受失败。"

这就是拿破仑一生中最伟大的战役之一，即著名的阿克拉战役。即使失败马上就要降临，只要它还没有来到我们眼前，我们就不应该放弃成功的希望。只要勇气没有丧失，成功的希望就永远不会破灭，只要拥有成功的希望，失败就不会轻易接近。

把耻辱当成对自己的鞭策

把耻辱当成别人对自己的鞭策，把岩浆般的怒火掐灭于爆发之前，暂时低下你高贵的头，把今日力量悬殊的较量留待于呼风唤雨的明天。身受耻辱，意志坚强、胸怀宽广、志向高远者，必得胜利。

每个人的一生之中，总会有"宠"有"辱"。"辱"便是侮辱、耻辱的意思，也可以理解为落魄的时候。对待"辱"，君子、小人的处境虽然相类似，但他们的态度却截然不同：君子坦荡，泰然处之；小人气馁，恹然沉沦。一个人如有君子的胸怀——受辱心不惊，就能在恶劣的环境中，保持正直的品行，遇到挫折、受到打击也会心境开阔，沉着冷静。

人世多磨难，并不可怕。有志之士绝不会在困恶忍辱中忧心忡忡、动摇信心。他们深深懂得，环境愈艰苦、条件越恶劣，越能磨炼人的忍耐心，造就战胜困难的强者。正像孟子所说："天将降大任于斯人也，必先苦其心志，劳其筋骨，饿其体肤，空乏其身，行拂乱其所为，所以动心忍性，增益其所不能。"

我们都知道汉代历史学家、文学家司马迁忍辱发奋的动人事迹：司马迁触怒帝王，受刑下狱，他几次想死，但三思之后，想到那些逆境中成就伟业的先贤圣哲，他决心忍辱发愤，终于经过18年的奋发进取，完成了巨著《史记》。

由此可见，受辱之时不改志，那就有东山再起的机会，最终会创造辉煌。要做到这样，首先要有一种“心底无私天地宽”的博大胸怀，只要看清了，想通了，才实现了主观上的自我解放，自我超脱，才能显示出人生的真正意义。

受辱心不惊，是一种“知耻”后的行事原则。然而有“知耻”，便有“不知耻”者。这样就出现两种截然不同的态度，有人知耻、忍耻到雪耻，如越王勾践卧薪尝胆，复国雪耻；也有人受辱却不知耻，即是人们常说的厚颜无耻或恬不知耻。

“乐不思蜀”的故事就给我们展示了蜀后主刘禅这个“无耻之徒”。孟子曰：“人不可以无耻，无耻之耻，无耻也。”

这就是说，一个人不可以无廉耻之心，不知道耻辱的耻辱，才是真正的耻辱。耻辱有大小之分、轻重之别。小而轻的耻辱，如与人争吵、白白挨骂、遭人批评、受人议论，对于这些应吸取教训，决心改正，努力做出成绩，但是如果一个男子汉大丈夫，穷得讨饭，靠漂母（注：洗衣服的老妇人）施舍饭吃；有力不敢使，从少年的胯下钻过去，一般人是经受不起这种奇耻大辱的，特别是青年人又有何面目见人？

但是《史记·淮阴侯列传》记载，韩信经受住了这严峻的考验，并且为他后来建功立业奠定了忍辱负重的思想基础，正应了那句话，“大丈夫能屈能伸”。

“知耻近乎勇”，把自己所受的耻辱变为鞭策自己前进的动力，韩信正是能知耻而后勇。同样，卧薪尝胆对后世之人所以能具有教育和鼓舞作用，最主要的原因也是“知耻后勇”，一般说来，一个人或一个国家从知耻到雪耻，必然有一段历史距离。

大多数受辱者，皆因当时的力量或境遇处于劣势，在与人斗争中，或力量悬殊、寡不敌众，或天时地利不和，致使自己被人打败或欺凌，不能立即雪耻，只要能做到“受辱心不惊”，将耻辱强忍吞下，铭记在心；经过养精蓄锐，日渐强大，洗雪旧耻，所谓“君子报仇十年不晚”，就是这个道理。当然，并不是所有的“仇”或“耻”都非“报”不可。

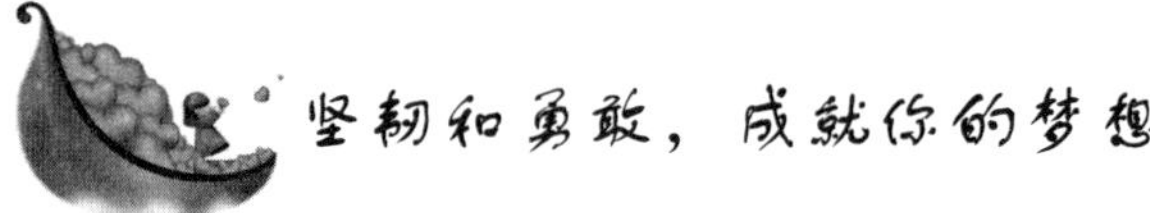

坚韧和勇敢，成就你的梦想

蒙迪·罗伯特是一个驯马师的儿子，从小就跟着他的父亲四处漂泊。有一次，他的作业是就自己未来的理想写一篇作文。看到这样的题目，蒙迪·罗伯特高兴极了。他一直有着一个很美好的理想。

蒙迪·罗伯特兴高采烈地完成了他的写作。他用了整整五大张纸，花了几乎一天的时间，详尽地描绘了自己的梦想。他梦想着将来拥有一个属于自己的牧马场，他甚至画下了那个占地 200 英亩的牧马场的详尽示意图，其中有马厩、跑道和种植园，连酒窖和住宅平面设计图他都勾画得十分清楚。完成作业后，蒙迪兴冲冲地交给了老师，他相信自己的作业可以获得一个好的分数。

可是，当作业被发回来的时候，他发现克利亚老师给自己的作业上打了一个醒目的差，并写着让蒙迪下课后去找他。

蒙迪·罗伯特下课后去找了老师，问道："老师，为什么我的作文被打了差？你认为我写得不好吗？"

克利亚老师看看这个瘦瘦的小男孩，认真地说："蒙迪，我得承认你这次作业做得很认真，但是，你只是在认真地写你的梦。你要承认，你的理想太不现实了，一点都不切合实际。你的父亲只是一个驯马师，终年流浪，连一个固定的住所都没有。你的家境并不好，你没有资本建立你的马场。你怎么可能有那么多钱呢？如果你愿意更改自己的理想，重新写下一个可以实现的理想，我可以重新给你打分，否则，你的作文只能得一个差。"

蒙迪·罗伯特拿回了自己的作业，他和自己的父亲商量是不是要更改自己的理想。父亲对他说："孩子，那是你自己的愿望，我想你还是自己拿主意吧。不过，我要提醒你的是，对待自己的理想，你应该慎重一点。"

蒙迪·罗伯特决定不改变自己的愿望，即使作文只能得一个差。

他一直保留着那篇作文。那个刺眼的差字伴着他走过了整个艰难的创业历程。尽管经历了许多磨难，但是那个差一直激励着蒙迪。

多年后，蒙迪·罗伯特如愿以偿地实现了自己的理想。他拥有了自己的牧马场，一切都和他当初写在作文里的一模一样。

有一年，克利亚老师带着他的学生来到这个牧马场参观。当走进这个占地200多英亩的牧马场时，他流下了眼泪。他对蒙迪·罗伯特说："蒙迪，现在我才意识到，我曾经偷走了多少个孩子的梦想……但是幸好你坚持了下来。你的坚韧和勇敢，成就了你的梦想。"

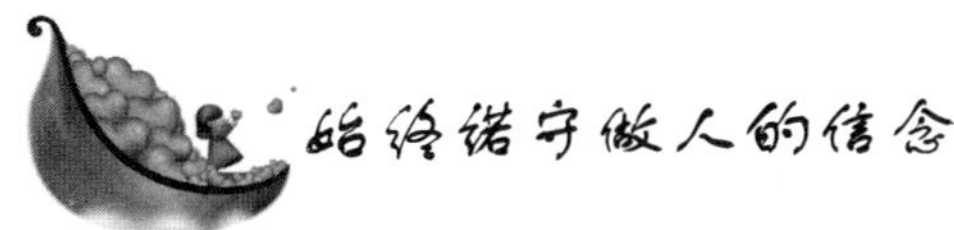

始终诺守做人的信念

一部《西游记》迷倒了多少古今中外的读者，唐僧取经的故事如今已是家喻户晓、有口皆碑的千古绝唱了，而特别是行者悟空的形象，更成为中国人的一种化身。他不畏艰险、排除万难的精神及放荡不羁的个性和追求自由的气概已经成为勇敢、智慧的化身。也许很多读者都对"悟空"这个名字感兴趣，那么"悟空"究竟为何？

"悟"者觉悟也，就是通过静坐、修养而获得大彻大悟；"空"者空空也，佛家认为人们的肉体与精神分离，肉体只是一个皮囊，而精神却会转世不朽，所以周围的世界都是四大皆空。我们暂且不论佛家对空的追求和向往，单就佛家的"悟"，我们是否有所启发呢？我们是否已悟到孙行者为何能神通广大？而且我们是否也经常体验和领悟着这喧嚣的尘土和无尽烦恼的滚滚红尘生活？我想每一位生命的过客——我们在某种意义上说都算是一位行者，而且是位匆匆的行者。这样说，我们和孙行者的确有很多相似之处。然而，为什么我们中的大多数却是凡夫俗子、平民布衣？孙行者是否离我们太遥远以至于成为理想化的人物，我们只好摇头叹息。叹息我们出身寒微；叹息我们命运不济；还有这世道的阴险与不测。于是，我们就自卑；于是我们就徘徊而不敢向前；于是我们就将自己的命运交给上帝或交给别人；于是我们就丧失了自己；于是我们什么也不是了，更无法与行者相比了。

其实，这种自己对自我的放纵，实质上是对自我的抹杀和对自我极不负责，也是极大的罪恶。因为一个人如果对不起自己，那他将如何对得起别人？他又有什么能力去承担对别人的责任和义务呢？所以一个人要想成为起码的行者，必须首先对自己负责，然后才能谈得上对他人负责。而这种对自我的责任心又来自于何处呢？

让我们先看一看孙行者的所作所为吧。孙悟空，无父无母，石裂而生。他带领群猴，在花果山水帘洞这块福地上过着自由自在的、天仙般的生活。为了维护自由，孙悟空漂洋过海学成大道。他神通广大，有七十二般变化，一个筋斗能翻出十万八千里；他大闹水晶宫，向龙王索要如意金箍棒，掌握了捍卫自由的有力武器；他抡起铁棒，大闹冥府，勾了生死，阎王老子再也管不着他了。最突出的是孙悟空大闹天宫，乱了三界、扰了五行，直打得九星闭门闭户，天王无影无踪。“皇帝轮流做，明年到我家”；定要让玉帝搬出天宫，“若还不让，定要搅攘，永不清平”。这样一个为了追求个人幸福和自由的“离经叛道”式的叛逆者便使我们由衷的赞赏。赞赏之余，我们便会发现，孙行者的第一成功要素便在于他始终怀着这样一种信念：天生我才必有用。正是这样一种信念，才使他从冥冥众生中找到了自我的呼唤，而且成为自我解放和个性张扬的永不枯竭的渊源。正是这种信念，才足以形成了他勇敢、不屈、智慧而酷爱自由的个性，才使孙行者在自己的旅程中大放异彩、纵横驰骋而永不负于天神。

“长风破浪会有时，直挂云帆济沧海。”唐代伟大诗人李白正是继承和发扬的典范。李白在 40 岁时仍未登仕途，直到李白 42 岁那年，终于因为朋友吴筠的推荐被唐玄宗召入京。在此之前，李白始终怀有治国平天下、想干一番轰轰烈烈大事的宏图大志，可他看不起科举考试，因为这和他“不屈己，不干人”的性格以及“一鸣惊人，一飞冲天”的宏愿不相符合。但是李白的“天生我才必有用”

的信念，使他的一生充满了悲壮、浪漫而传奇的色彩，这一信念和对自己的负责和尊重，使他成为中国历史上有名的“诗仙”。“诗仙”是李白思想性格的写照，也是对他的诗歌创作的高度概括和总结。他一生写了近千首诗，读李白的诗给人一种飘逸洒脱、清新而浪漫的极完美的享受，而且还有一种绝世超凡、如临仙界的感觉。

有人曾这样讲述他的朋友，尽管他的那位朋友满腹经纶、才华横溢，然而当时社会不公正，使他在毕业时没被保送上研究生，又按行政命令被分配到了一个边远的老山区里。命运的打击曾使他的这位朋友心碎而力不能支，他在给他的信中说道：“当我来到这个古老而神秘的山区时，我的眼睛里充满了迷茫和无尽的忧伤……”可以想象他当初的痛苦程度并不比受宫刑的司马迁低多少。然而，命运的不济，并没有使这位朋友丧失生活的勇气，反而激起了他对自我的呼唤和对自己负责的良知的发现。他再也按捺不住自我在心中的翻腾了，于是就以行者的格言为座右铭，在自己的办公室里确立了他奋斗的第一步。如今，十几年过去了，这位中年朋友现在已是深圳某家集团公司的总裁，而且自己拥有几亿元的股票和地产。谈到成功的秘诀时，他说：“我始终没放弃过这一信念。”

也许，我们每个人都在生命匆匆的过程中，注定我们的短暂和平凡，但平凡与伟大更是相对的。在有限的生命中，我们始终诺守着我们的信念，将使我们渺小的自我变得更有尊严和伟大。

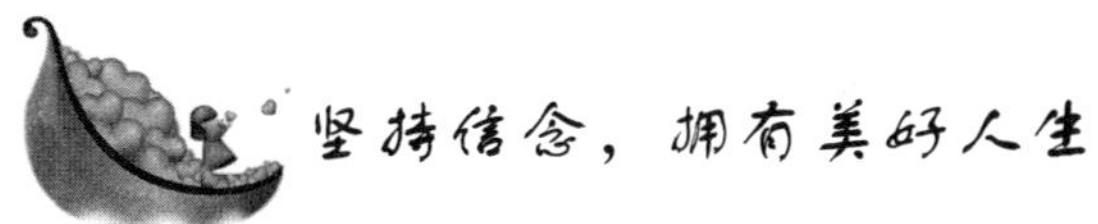

坚持信念，拥有美好人生

古今中外，有多少伟人一生都坚持着自己的信念：朱自清饿死不吃美国的救济粮，文天祥死前哀唱留取丹心照汗青的慷慨陈词，诸葛亮是为实现抱负而最终累死，由此我们可以得到这样一个道理：坚持自己的信念，你会拥有一个充实美好的人生。

自己的成绩是不需要别人来鼓舞指引的，当你认为自己好的时候；那便是好，不需要听取别人的批判或赞美，这就是信念。

奥立佛在英语剧坛叱咤风云五十年。从凡人到宙斯，从牧师到纳粹党人，各种角色他无所不能。但他最大的成就是一系列莎士比亚戏剧。在莎翁的世界里，奥立佛几乎只手撑天，无人可与之匹敌。借助舞台与电影表演，他引导现代观众步入莎翁艺术的殿堂。中国观众熟悉的《王子复仇记》是他 1948 年的杰作，曾获当年奥斯卡大奖。1954 年，他在《理查三世》一片中集制片、导演、主演于一身。该片在电影和电视上同时首映，观众多达 2500 万人，超过上莎剧观众人数的总和。今天，任何莎剧演出如果偏离奥立佛立下的标准，就显得荒腔走板。

奥立佛的成就并非一蹴而就。年轻时，他对莎剧大胆独到的诠释，常被讥为哗众取宠。一次，奥立佛饰演《奥塞罗》中的亚古，他采用亚古爱上主人的弗洛伊德式的解释，亲吻奥塞罗的嘴唇。此举令观众大为吃惊。饰演奥塞罗的演员只好无奈地挣脱身体，然后喃喃低语："好了，好了，别这样。"

在现实生活里，奥立佛也充满精彩段落。他曾与女明星费雯丽各自抛下原配相恋结婚。以后，又因费雯丽精神失常而离异，几百万影迷为此大为叹息。1961 年，奥立佛与女演员琼·普洛莱结婚。普洛莱觉得奥立佛难以捉摸，说他永远都在演戏。他经常借化装、易容等手段，施展他所谓"由外及内"的功夫。他似乎一直觉得无法找到自己的真实身份，所以必须不断改造自己。

1965 年，奥立佛在伦敦扮演奥塞罗。有天晚上，他演得实在太精彩了，全体演员为他鼓掌道贺，但奥立佛却冷漠地把门关上拒绝称赞。有人不解地问及原因，他回答："我知道我演得好，去他的。问题是我不知怎么演出来的，所以，我怎么有把握下次还演得这么好?"他的下一次当然还是这么好。奥立佛的演技无人能及，他是剧坛唯一获得上院爵位的演员。现在，他去世了。剧院的灯光将永远不会再像往日那般明亮。

信念是勇者面对真理的执著精神。难忘那年轻的被烧死在罗马鲜花广场上的布鲁诺，他真正是用了血肉之躯去浇灌了黑暗笼罩下

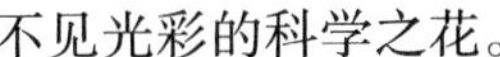

不见光彩的科学之花。

信念是善者面对生命的热爱情感。人之于动物的可贵之处是对其他一切都可以怀有爱。李时珍可以说是一位典型的博爱者。一本《本草纲目》让他踏遍全国，尝尽苦寒，受尽挫折。不是对生命怀有敬畏，怀有热爱，又怎会有不曾动摇的信念去践行这理想？坚持自己的信念，冲破一切借口困难便会创造一个美好的人生、传奇的人生。

发现机会，充分运用信仰的力量

很多人总是埋怨没有发财的机会，其实是因为他们没有发现机会的眼光和抓住机会的信念。《信仰的力量》一书的作者路易斯·宾斯托克说：“机会总是存在的，只要你肯动脑筋，充分运用信仰的力量。”

一个摆冷饮摊的贫苦青年人，经过近30年的奋斗，竟拥有了大小餐馆近400家，员工3万多人，年营业额在4亿美元左右的大企业，这虽不是空前绝后的成就，但也绝不是大多数人能够办得到的。

创造这一奇迹的是梅瑞特公司的创办人约翰·梅瑞特，由他的几个创业事例中，你也许可以发现不少“把小生意做大”的诀窍。

1927年6月间，梅瑞特带着他的新娘子来到华府，在这里他与他的合伙人开起了一家冷饮店。事实上，这个店只是在一家面包店里占了一角而已，根本不能算是店，只不过是个冷饮摊，而且只卖汽水。

由于全球经济衰退，没多久，他们的冷饮店被迫关门。原来他的汽水店开在一家面包店隔壁，来来往往人很多，不管将来是做什么生意，都是很理想的位置。所以尽管关门歇业了，他还是照样付房租，由此也可以看出他要做生意的决心。

这一天，正是晚上下班的时候，隔壁面包店的生意特别好，大

有应接不暇之势，受此启发，他与爱妻决定开一家快餐店。他推出的热食品，有辣椒红豆、墨西哥薄饼，夹烤肉三明治等，以爱丽丝所学到的制法来说，的确称得上是“秘方”，再加上梅瑞特用标语式的字句一渲染，就更显得奇妙无比了，这正迎合了美国人好新奇的心理。

此外，他还以强调“热”来表现特色。他煮了一大锅玉米汤，不时地掀锅盖，热气从锅里涌出来，缭绕在店面上空，给人一种热气腾腾的感觉。尤其在冬天，这一招特别吸引人。

同时，这种小店，炉灶跟店面是连在一起的，他把炉灶做成白色的，爱丽丝则穿着时髦的衣服，围了条白色围裙，站在炉边烤肉，这真是一幅很美的图画。

在夫妇两人齐心合力的经营下，小吃店的生意忙了起来，大有应接不暇之势。

怀有雄才大略的梅瑞特，一看发展的时机来临，立即着手准备扩展的计划。先由太太亲自主持训练厨师，他自己则一有空闲就到外面去勘察地点，以备将来增设分店。

这时候，美国仍在大不景气的阴霾笼罩下，豪华的餐厅，一家接一家的倒闭，这种大众化的小吃店，却成为饮食业的一枝独秀。再加上梅瑞特夫妇经营的小吃店别具特色，生意就更加兴隆了。到了1932年，梅瑞特公司所属的小吃店已增加到七家。

从事商业活动的经营者，必须具有根据社会变化而变化的新思维和新观念，绝不能对日新月异的社会变化产生恐惧，相反，还应有一套切实可行的应变计划，以备不时之需，使自己能够敏锐地把握住生活中哪些稍纵即逝的机会。

20世纪60年代末，美国宇航员登上月球，揭开了人类发展史上崭新的一页。最初，登月的真相准备保密，人们将无法看到这一人类壮举。后来，美国政府突然决定向全世界转播登月实况。这条消息在各大小报纸上只是作为一般新闻加以报道。欧洲人、美国人当时都没有想到有什么生意可以赚到巨额利润。然而聪明的日本人却想：人们竞相看登月，不正是我卖电视机的大好机会吗？一家电视机厂首先打出广告："看人类最伟大的壮举，用××牌电视机最清晰！"这一下立即引起连锁反应，全日本电视机厂商都加入了这场广告大战。然后美国、欧洲商人也惊醒，纷纷参加竞争："人生难得一看的壮举，请用××电视机欣赏。"人类登月给经营者提供了绝好的成功机会，卖电视机仅为其中一项，它创造了巨大的经济效益，仅日本，一个月就销了500多万台黑白电视机和280多万台彩色电视机。

美国的一位百万富翁说："看到机会并不会自动地转化为钞票，其中还必须有其他因素。简单地说，你必须能够看到它，然后你必须相信你能抓住它。"

相信自己有能力获得成功是非常庞大的基石。它可以解释美国各经济领域中人们的各种行为变化。同时，相信自己又直接取决于对有利机会的认识。

为什么有那么多的人在开业的一、两年中就失败了呢？其中肯定有机会方面的问题：大多数做生意的人并不真的清楚成功的可能性。记住，这并不在于你学了多少，学了多久；而在于你学了什么，所学的东西是否能很好地在做生意中起到作用。知道成功的机会可以有完全不同的结果。冒险打赌，你的大学文凭根本帮不了你的忙；想要获胜，也不会因你没上过大学、不懂英语、不出生在美国而希望落空。

《神奇的情感力量》一书的作者罗伊·加恩指出："强烈的欲望也是非常重要的。人需要有强大的动力才能在好的职业中获得成功。你必须在心中有非分之想，你必须尽力抓住那个机会。"

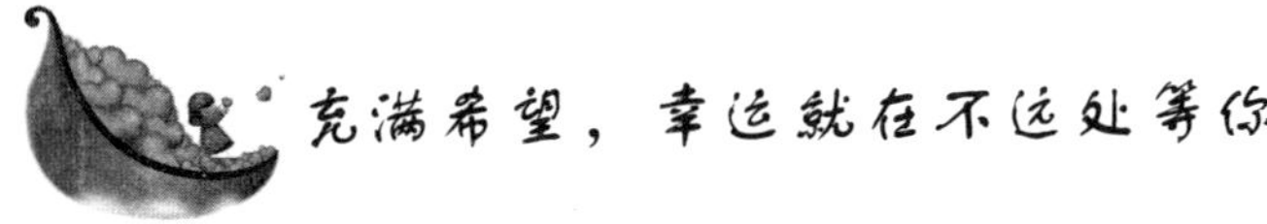

在我们所走的人生旅途上，适意总是多于不适意。青年人内心贮藏的愿望，得到满足时，会觉得自己仿佛是快乐的天使，幸运正

以无忧的手，殷勤地给自己加冕，因而心头涌出欢欣的情感。但是，世界上终究存在着不适意的事情。

在《圣经》中，约伯正是历经了各种磨难和危险，才培养出超乎常人的忍耐力；保罗正是因为有了坐牢的经历，才使得心中的希望之火燃烧得更加炽热，使他的人生经历更加丰富。人生的磨难和痛苦是精神的最高境界，经历了这些过程的人，他们不会再感到悲观失望，他们心中的希望之光永远不会褪色。

在生活中，一旦遇到这样的事情，你又该如何呢？那种时候，你会不会抛弃生活的愿望，不再喜欢眼前的一切呢？

培德正沉浸在初恋的幸福当中。他是用甜蜜的微笑来看待今天和将来的。可是过不多久，一片乌云出人意外地飘来，遮住了他的眼睛。他的女朋友突然变心了。他沮丧地对朋友说："我失掉了生活愿望，从此，什么都完了，留在心底的只有怨恨。"说这话时，他的眼睛隐去了亮光，浮现着懊恼、忧伤的神情。

其实，一个青年可以失掉这一件东西或那一件东西，放弃这一个想法或那一个想法，但无论如何，不能失掉和放弃生活的愿望。一个失掉了生活愿望的人，必然要成为自甘沉沦、淡漠处世、灰溜溜地过日子的人。

固然，生活中会出现这样的情景：你给欢乐下了请帖，虔诚地请她与你做伴，可是，那位不受欢迎的不速之客——痛苦，却蛮横地跻身而入，在你身旁纠缠不去。这种情境恐怕是每个人都领受过的。但在这种境地下，你仍然没有理由放弃你的生活愿望。

痛苦，当然是每个人都不情愿承受的。它的来临，不管程度如何，都将让人在精神上受到折磨，甚至会在心田里留下深深的伤痕。因此，没有人无故地要去寻找痛苦和不幸。但这只是事情的一个方面。另外的一面是，假如你在痛苦当中，不被它击倒、淹没，而是细心地思索一番痛苦是怎样造成的，外界的原因和自己本身的原因在哪里，寻求如何战胜它的办法，那么，痛苦的降临却会对你起到积极的影响，教会你一些宝贵的东西。罗曼·罗兰说过："痛苦这把犁刀一方面割破了你的心，一方面掘出了生命的新的水源。"这种见解就比较全面。我们羡慕那些乐观的人，但要知道，这种人并非是没曾碰到任何不幸和痛苦的幸运儿，而是虽然也碰到痛苦和不幸，自己却能够冷静地加以思索，找到外界原因，也缜密地检查本身的弱点，从而使自己更为完善起来的人。他们在困惑迷惘中仍然不放弃他们渴求的愿望，而把愿望当做坚韧的拐杖，依靠它，顽强地向前走，向着希望走，最终脱离开痛苦而靠近希望。这样的人，每向前跋涉一步都会掘出生命的新的水源。

文艺复兴时期的思想家米朗多，曾为大雕刻家戴西戴雷诺·赛提昂诺雕刻的一个男童像题词："每一个人从出生起，就获得了各种机会与各种人生的种子。"这句话，其实是真理的声音。虽然你碰到了一次甚至多次苦恼，但并非说，你从出生起，一生注定只该获得这样的种子。你将会获得幸福与快乐的种子，世界会赐予你许多美好的东西。

年轻人刚刚踏入生活，正像刚刚跨上马鞍的骑手，许许多多美丽的图画展现在眼前。这些图画，就是编织美好愿望的蓝本，能强烈地吸引和推动我们去争取未来。伏尔泰说："人类最可宝贵的财富是希望，希望减轻了我们的苦恼，为我们在享受当前的乐趣中描绘来日乐趣的图景。如果人类不幸到目光只限于考虑当前，那么人就会不再去播种、不再去建筑、不再去种植，人对什么也不准备了；从而在这尘世的享受中，人就会缺少一切。"

记住，永远对生活充满希望，幸运就会在不远处等你！

第五章　充满热忱，自信让生命充满激情

发明家、艺术家、音乐家、诗人、作家、英雄、人类文明的先行者、大企业的创造者——无论他们来自什么种族、什么地区，无论在什么时代——那些引导着人类从野蛮社会走向文明的人们，无不是充满热情的人。

热情是工作的灵魂，也是生活本身

发明家、艺术家、音乐家、诗人、作家、英雄、人类文明的先行者、大企业的创造者——无论他们来自什么种族、什么地区，无论在什么时代——那些引导着人类从野蛮社会走向文明的人们，无不是充满热情的人。

著名音乐家亨德尔年幼时，家人不准他去碰乐器，不让他去上学，哪怕是学习一个音符。但这一切又有什么用呢？他在半夜里悄悄地跑到秘密的阁楼里去弹钢琴。莫扎特孩提时，成天要做大量的苦工，但是到了晚上他就偷偷地去教堂聆听风琴演奏，将他的全部身心都融化在音乐之中。巴赫年幼时只能在月光底下抄写学习的东西，连点一支蜡烛的要求也被蛮横地拒绝了。当那些手抄的资料被没收后，他依然没有灰心丧气。同样的，皮鞭和责骂反而使儿童时代充满热情的奥利·布尔更专注地投入到他的小提琴曲中去。

没有热情，军队就不能打胜仗，雕塑就不会栩栩如生，音乐就不会如此动人，人类就没有驾驭自然的力量，给人们留下深刻印象的雄伟建筑就不会拔地而起，诗歌就不能打动人的心灵，这个世界上也就不会有慷慨无私的爱。

安徒生的家庭贫困不堪。父亲是个鞋匠，生意清淡，母亲靠为人洗衣服挣点钱贴补家用。一家人常常为了生计问题而愁眉不展，安徒生在贫困和孤寂中度过了自己的童年。父亲把一切希望寄托在独生儿子身上。他对儿子说：“我的命苦，没有得到念书的机会，你一定要有志气，争取学些文化，使自己成为有知识的人。”父亲在贫困的生活环境中没有忘掉对儿子的启蒙教育。在他家那唯一的一间狭小的房子里，只有一张做鞋用的工作凳、一张用棺材架改装的床和安徒生晚间用来睡觉的一条凳子。但父亲却为儿子布置了一个艺术的环境：墙上挂了许多图画和装饰品，架子上摆了不少玩具，工作凳旁还有一个矮书桌，上面放有书籍和歌谱，门上贴着一幅风景画。父亲常在劳动之余抽时间陪安徒生玩。为了排解儿子的寂寞，常常给他讲一些《一千零一夜》中的古代阿拉伯的传说。有时，为了调节一下气氛，父亲还特地给小安徒生念一段丹麦著名喜剧作家荷尔堡的剧本，朗诵莎士比亚戏剧中的章节。这些剧本里的故事启发了安徒生，他经常把大人们讲的故事通过自己的设想演绎成新的故事。他幻想自己是个戏剧导演，他把橱窗上父亲雕刻的木偶人打扮成剧中人物，做各种戏剧表演。他还根据自己的现实生活，开始编木偶戏。为了拓展他的精神世界，父亲带他外出观察各种人物神态及行为举止。他看到在这个世界里活动着生意人、手艺人、店员、乞丐、贵族、地主、市长和牧师。他不理解为什么这些人之间生活水平相差那么大。

1815 年冬天，安徒生的父亲因病去世。母亲每天外出替人家洗衣服，孤单的安徒生白天独自待在家里玩木偶戏，有时也到一个同情他的邻居家玩一会儿。在那里，他第一次听到“诗人”这个名词。主人知道他喜欢演戏，偶尔也给他谈起一些他未听说过的剧作家和剧本的名字，这更激起了他对戏剧的想象。

14 岁那年，哥本哈根皇家歌剧院有个剧团到奥登塞来演出。安徒生跟一个散发节目单的人交上了朋友，由此他得到了躲在后台的一个角落偷偷看戏的机会。他发现了一个新的天地，决心要当一名艺术家。1819 年 9 月 5 日，安徒生拒绝了母亲要他到一个裁缝店里当学徒的安排，只身来到哥本哈根。历经多次碰壁，当演员的希望成为泡影。后来，经皇家剧院负责人拉贝尔安排，他阅读了不少著名诗人和作家的作品，写了很多诗作和剧本。此后，便进入了创作旺盛期。

热情是工作的灵魂，甚至就是生活本身。年轻人如果不能从每天的工作中找到乐趣，仅仅是因为要生存才不得不从事工作，仅仅是为了生存才不得不完成职责，这样的人注定是要失败的。

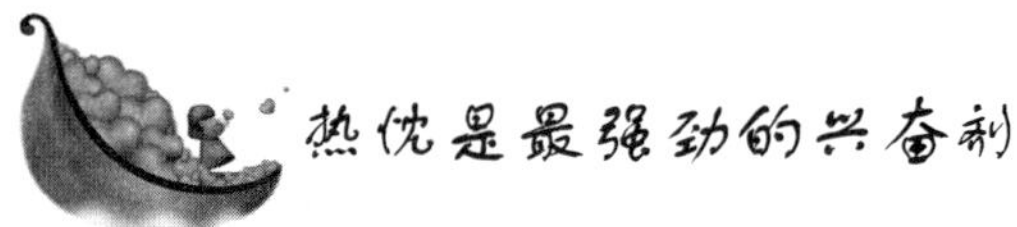

热忱是最强劲的兴奋剂

成功与其说是取决于人的才能，不如说取决于人的热忱、脚踏实地。这个世界为那些具有真正的使命感和自信心的人大开绿灯，到生命终结的时候，他们依然热情不减当年。无论出现什么困难，无论前途看起来是多么的暗淡，他们总是相信能够把心目中的理想图景变成现实。

司马光在政治上是保守的，但在史学方面的成就是辉煌的。他主编的《资治通鉴》同西汉司马迁的《史记》是史学史上的两颗明珠，至今仍为世人所推崇。

《资治通鉴》记载了上起战国周烈王、下至五代周世宗的1362年的历史，全书294卷，还有考异、目录各30卷。其规模之大，令人叹服。

司马光为编定《资治通鉴》翻阅了大量的书籍资料。宋神宗允许他借阅“集贤”、“昭文”、“史馆”三大书库的所有书籍，并特许可借阅“龙图阁、天章阁及秘阁”的藏书。宋神宗还将自己私藏的2400余卷书献出来，供司马光参考。除此之外，司马光还参阅了大量的野史、谱录、正集、别集、墓志等资料，共222种，计3000多万字。

司马光学风严谨，对自己要求很严格。他为自己规定，每三天修改一卷。一卷史稿四丈长，平均一天修改一丈多，若遇事耽误了，事后必须补上。每天晚上他总是让老仆人先睡，自己点上蜡烛工作到深夜，第二天凌晨又起身继续工作。天天如此，19年如一日。夜里，他怕因困乏睡过了头，便让人用圆木做了个枕头，木枕光滑，稍稍一动，头即落枕，人便惊醒。后人称此枕为“警枕”。司马光的住处，夏天闷热，无法工作，司马光便让人在屋子里挖一个大坑，砌成一间地下室。地下室冬暖夏凉，成了他编书的好地方。而当时的大官僚王宣徽每到夏天便到他名园的高楼上避暑享受，人们笑说：“王家钻天、司马入地。”司马光修改过的书稿堆满了整整两间屋子。书法家黄庭坚曾看过其中的几百卷，发现这些书稿全部是用工笔楷书写成的，没有一个草字。

司马光曾问他的好友邵雍：“你看我是怎样一个人？”

邵回答说：“君实脚踏实地人也”。意思是说司马光研究学问，勤奋刻苦，踏实认真。这就是“脚踏实地”成语的来源。

司马光为编写《资治通鉴》用了19年时间，开始编写时，司马光48岁，编完时，已是66岁的老人了。’这19年，司马光“秉烛至深夜，警枕破黎明”。长期的伏案工作，耗尽了他的心血，刚过60岁，他便视力衰退，牙齿脱落，面容憔悴。《资治通鉴》写成后，还没等出版，司马光便与世长辞了。为了悼念这位伟大的史学家，皇帝宋哲宗亲自临丧，并下旨为他举行隆重的官葬。他家乡山西夏县的人们为纪念他，特为他建了墓碑亭，树起一块巨碑，这块巨碑连同底座高达九米，比帝王神道碑和墓碑还要高大。碑额刻有宋哲宗的御篆“忠清粹德之碑”字样，大文学家苏东坡为其撰写了碑文。

一个人工作时，如果能以精益求精的态度，火焰般的热忱，脚踏实地地去做好一件事情，那么不论做什么样的工作，都不会觉得辛劳。司马光就是这样，勤勤恳恳地去完成《资治通鉴》，没有抱怨，没有厌烦，而是满腔热忱，坚持去做。如果我们能以满腔的热忱去做最平凡的工作，也能成为有成就的艺术家；如果以冷淡的态度去做不平凡的工作，绝不可能成为艺术家。各行各业都有发展才能的机会，实在没有哪一项工作是可以藐视的。

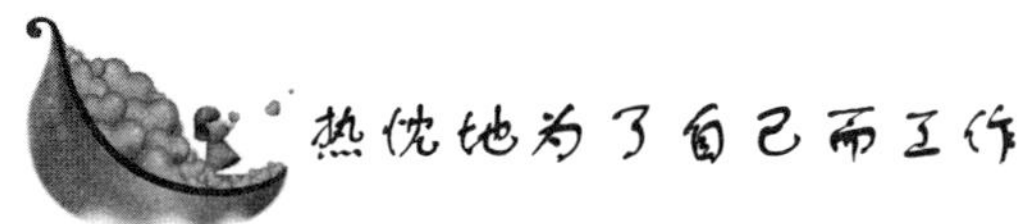

热忱地为了自己而工作

能力比金钱重要万倍，因为它不会遗失也不会被偷。如果你有机会去研究那些成功人士，就会发现他们并非始终高居事业的顶峰。

在他们的一生中，曾多次攀上顶峰又坠落谷底，虽起伏跌宕，但是有一种东西永远伴随着他们，那就是能力。能力能帮助他们重返巅峰，俯瞰人生。

很多刚踏上工作岗位的新人，或多或少的会有这样的牢骚："老板给我的待遇太低了，薪水这么一点点，我才不会给他好好干呢。""工作嘛，又不是为自己干，说得过去就行了。"这种"我不过是在为老板打工"的想法具有很强的代表性：在许多人看来，工作只是一种简单的雇佣关系，做多做少，做好做坏，对自己意义不大。事实呢？在工作中，你不仅学到了经验，还积累了资源，增加了阅历，如果你一直抱着我是为老板工作的心理，最终吃亏的不会是老板，而是你自己。

想要成为老板眼中的"重磅人才"，就不要和别人一样抱着"我是在为老板打工"的思想。你是在为企业工作，其实更是在为自己工作，这样的人才会成为老板的心腹。这样我们的人生才会更辉煌，生命才会更有价值。

在美国，有一个年轻人取得博士学位后，却总是因为工作岗位与自己的学历不相符，每天都奔波在寻职的路上。最后，为了生计，他以大专的学历在一家制造燃油机的企业担任检验员，薪水比普通工人还低。

工作半个月后，他发现该公司生产成本高、产品质量差，于是他便不遗余力地说服公司老板推行改革以占领市场。

身边的同事对他说："你看你的薪水，你为什么要这么卖劲儿呢？"他笑道："我是在为自己工作，我很快乐。"

几个月后，这个年轻人晋升为副经理，薪水翻了几倍，尤为重要的是这几个月的改革，让企业的利润增加了几千万美元的收入。

不要为薪水而工作，因为薪水只是工作的一种报偿方式，虽然是最直接的一种，但也是最短视的。一个人如果只为薪水而工作，没有更高尚的目标，并不是一种好的人生选择，受害最深的不是别人，而是他自己。

不为薪水而工作，工作所给予你的要比你为它付出的更多。如果你一直努力工作，一直在进步，你就会有一个良好的、没有污点的人生记录，使你在公司甚至整个行业拥有一个好名声，良好的声誉将陪伴你一生。

一个人如果总是为自己到底能拿多少工资而大伤脑筋的话，他又怎么能看到工资背后可能获得的成长机会呢？他又怎么能意识到从工作中获得的技能和经验，对自己的未来将会产生多么大的影响呢？这样的人只会无形中将自己困在装着工资的信封里，永远也不懂自己真正需要什么。

只有抱着“为自己工作”的心态，承认并接受“为他人工作的同时，也是在为自己工作”这个朴素的人生理念，才能心平气和地将手中的事情做好，最终获得丰厚的物质报酬，赢得社会的尊重，实现自己的价值。

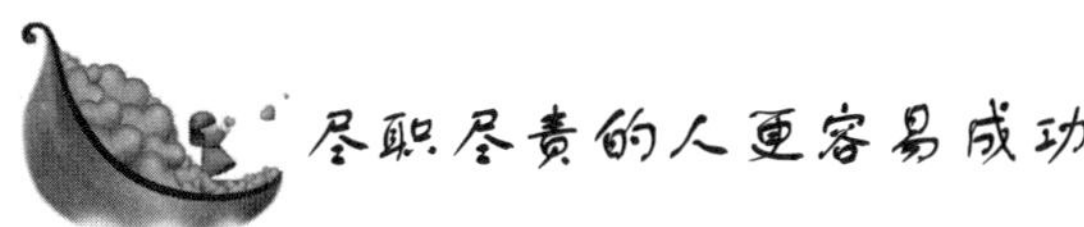

尽职尽责的人更容易成功

一个企业管理者曾说：“如果你能真正地钉好一枚纽扣，应该比你缝制出一件粗制的衣服更有价值。”事实上，只有那些尽职尽责工作的人，才能被赋予更多的使命，才能更容易的走向成功。

事实上，不管做什么事都需要全心全意、尽职尽责，因为尽职尽责正是培养敬业精神的土壤。如果员工在工作中没有了职责和理想，他们的生活就会变得毫无意义。所以，不管从事什么样的工作，平凡的也好，令人羡慕的也好，都应该尽心尽责，在敬业的基础上取得不断进步。

从平凡到杰出，一个邮差的故事改变了2亿美国人的观念。如今邮差弗雷德的故事已印成手册，全球许多著名企业中几乎人手一册。

职业演说家马克·桑布恩在美国丹佛的华盛顿公园附近一个小区买了一套房子，迁入几天后，有人敲开了他的房门。来人微笑着向他介绍自己：“我的名字叫弗雷德，是这里的邮差。我顺道来看看，向您表示欢迎，同时也对您有所了解，比如您所从事的行业。”

马克·桑布恩感到很惊讶，他收了一辈子的邮件，还是第一次碰见邮差做这样的自我介绍，但这确实使他心中一暖。他很配合地告诉邮差：“我是个职业演说家，这算不上真正的工作。”

“那么，您肯定要经常出差旅行了!”邮差问道，脸上始终浮着真诚的微笑。

“是的，的确如此，我一年总要有160天到200天出门在外。”演说家如实回答。

邮差点点头，继续说：“既然如此，最好您能给我一份您的日程表，您不在家的时候我可以把您的信暂时代为保管，打包放好，等您在家时再送过来。”

这份“超乎寻常”的热情让演说家太吃惊了！他婉言谢绝道：“把信件放进房前的邮箱里就可以了，我回家的时候再取也一样的。”

但邮差并没有因为自己出力不讨好的建议而退却，他真诚地解释道：“桑布恩先生，窃贼经常会窥探住户的邮箱，如果发现是满的，就表明主人不在家，那您就可能要身受其害了。”

演说家尚未来得及说什么，邮差继续道：“我看不如这样，只要邮箱的盖子还能盖上，我就把信放到里面，别人不会看出你不在家。塞不进邮箱的邮件，我搁在房门和栅门之间，从外面看不见，如果那里也放满了，我就把其他的信留着，等你回来。”

邮差的建议听起来完善无缺，演说家没有理由不同意。两周后，演说家出差回来，发现门口的擦鞋垫不见了。难道在丹佛连擦鞋垫都有人偷？不大可能。

他转头一看，擦鞋垫跑到门廊的角落了，下面还遮盖着什么东西。他走过去拿开擦鞋垫，露出一个包裹来，上面还贴上一张纸条，是那位叫弗雷德的邮差留下来的。事情是这样的：在演说家出差期间，美国联合递送公司（UPS）误送了他的这个包裹，给放到沿街再向前第5家的门廊上，弗雷德发现后把它捡起来，送到演说家的住处，又费心用擦鞋垫把它遮住，以避人耳目。

演说家被弗雷德的行为——人性化的贴心服务震撼了，他已经不仅仅是在送信，他所做的本来属于 UPS 份内应该做好的事！演说家还了解到，弗雷德在他搬来之前一直都是这样快乐、认真地负责这个小区的服务。

十几年后的今天，邮差弗雷德的故事通过职业演说家马克·桑布恩的传播，在美国家喻广晓，各行各业的人们从他那里获得启示。弗雷德为所有渴望在工作中有所作为的人树立了榜样：做自己心里认为正确的事，不计较是否能得到承认和回报。无论是在全球顶尖的大公司，还是在一些正在成长中的小企业，“邮差弗雷德”这 5 个字已经成为创新服务和增值服务的代名词，企业每年都设立“弗雷德奖”，专门鼓励那些在服务、创新和尽责上有同样精神的员工。

尽职尽责让人坚强，尽职尽责让人勇敢，尽职尽责也让人知道关怀和理解。因为我们对别人尽职尽责的同时，别人也在为我们承担责任。

无论你所做的是什么样的工作。只要你能认真地勇敢地担负起责任，你所做的就是有价值的，你就会获得尊重和敬意。尽职尽责不在于工作的类别，而在于做事的人。只要你想，你愿意，你就会做得很好。

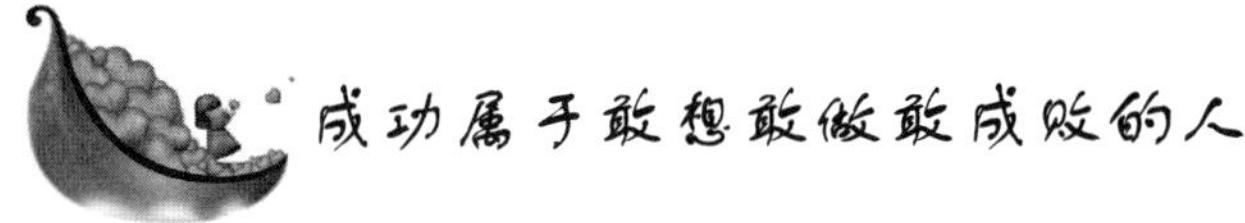

成功属于敢想敢做敢成败的人

爱迪生说过“如果你成功地选择劳动，并把自己的全部精神灌注到它里面去，那么幸福本身就会找到你。”知道自己工作的意义和责任，并永远保持一种自动自发的工作态度，这是那些成就大业之人和凡事得过且过的人最根本的区别。

据英国广播公司报道，现年 22 岁的美国黑人小伙子法拉·格雷是知名的“商界神童”。他 6 岁白手起家搞推销，14 岁时就成了百万富翁。如今，他的生意已扩大到通讯、食品、出版等领域，他本人还主持广播和电视节目，在纽约和拉斯韦加斯都拥有办公室。

格雷出生于芝加哥一个普通的单亲家庭，是5个兄弟姊妹中最小的一个。据悉，格雷6岁那年，母亲患上了很严重的心脏病。格雷心疼母亲，渴望能帮助她减轻生活负担。但是，没有人敢雇用他这个6岁的“童工”。格雷无奈，只得苦思冥想，终于发现了一个赚钱的方法——推销润肤露。格雷说：“我请妈妈帮我低价批发到一些润肤露，然后挨家挨户地进行推销。有人开门后，我会握着他（她）的手说：‘您好，我叫法拉·格雷，您愿意买下这瓶润肤露吗？它只要1.5美元。’通常，主妇们一看到我恳切的眼神，都会说：‘好吧，我买。’”

有了一些积累后，8岁那年，格雷创建了自己的“商业俱乐部”。他向当地的商人寻求资助，请求他们提供车辆和开会场所，以便让他和其他儿童一起切磋经商“秘诀”。格雷说：“刚开始，我总是遭到别人的拒绝，他们一看到我就关门。但我总算通过‘五人策略’募集到了1.5万美元的投资。所谓‘五人策略’，就是如果你拒绝我的请求，那么请你给我介绍5个可能会接受我请求的人。”通过募捐得来的钱，格雷和他的伙伴们做起了销售饼干和礼品卡的生意。

格雷一家搬到拉斯韦加斯后，他的经商本领引起了当地媒体的关注。很快，格雷受邀到脱口秀节目中接受采访。后来，他自己也成了一名脱口秀节目主持人。那年，他只有12岁。虽然年龄小，但格雷的口才却不逊于大人们，没过多久，就连许多机构都开始约他进行演讲，他的预约表排了一长串，而且每场演讲的报酬高达5000～10000美元。格雷说：“我的电话总是响个不停，人们想知道，你是如何建立自己的俱乐部的？你是怎样成为一名脱口秀节目主持人的？他们说：‘来给我们老年人组织，或年轻人组织讲讲你的成功史吧，这儿有一张支票等着你。’”

有一次，格雷看了祖母做果汁的过程后，灵机一动，立即决定建立一家食品公司。他说：“我是一边看书一边学习如何经营一家食品公司的。”靠着这家食品公司和其他生意上的收入，14岁的时候，格雷就成了一名百万富翁。那年，他给家里买了一栋房子，让母亲住得更舒服些。

2004年，20岁的格雷出版了与人合著的书《白手起家的百万富翁：9个步骤使你变得有钱》。书中列出了他的经验之谈：爱惜你的名声，永远不要害怕被拒绝，建立智囊团，抓住每一个机会，跟随潮流但有自己的目标，对失败做好心理准备，花时间学习，热爱你的顾客，永远不要轻视人脉的作用。

世界上许多伟大事业的成功者都属于那些敢想敢做敢成败的人，而那些所谓智力超群、才华横溢的人却因瞻前顾后，不知取舍而终无所获。我们常听说，天才、运气、机会、智慧是成功的关键因素，但更多的人失败是因为有三件事没有做到位，即“缺乏敢想的勇气，缺少敢做的能力，没有敢成败的决心”。

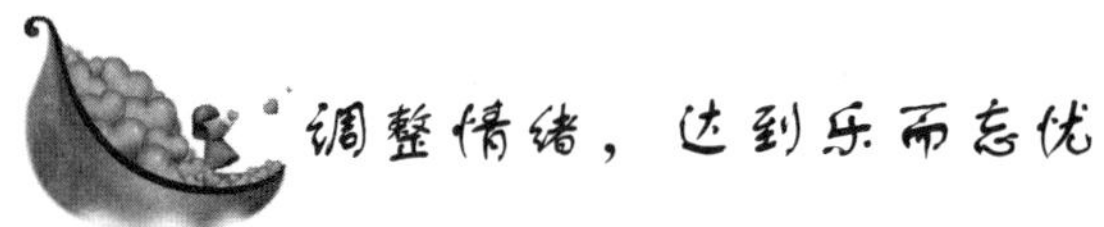

调整情绪，达到乐而忘忧

现代人的生活中时常会充满各种各样的压力，如何排解心理压力，保持愉快的心情，已经是人们非常关心的问题了。其实愉快不愉快都是自己的感觉，别人不能帮你愉快，所以只能靠自己去感觉愉快的心情。如果你时刻跟自己说“我很愉快”你就会发现自己真的觉得愉快了。

缓解压力的另一方面就是在平时学习、工作中对自己不太过苛求。不要把自己的抱负目标定得太高，也不要对自己所做的事要求十全十美，应该根据实际情况把目标和要求定在自己能力范围之内，懂得欣赏自己的成就，心情就会舒畅。

斯匹特是一位年轻的电脑销售经理。他有一个温暖的家和高薪的工作，在他的面前是一条充满阳光的大道，然而他的情绪却非常消沉。他总认为自己身体的某个部位有病，快要死了，甚至为自己选购了一块墓地，并为他的葬礼做好了准备。实际上他只是感到呼吸有些急促，心跳有些快，喉咙梗塞。医生劝他在家休息，暂时不

要做销售工作。

斯匹特在家里休息了一段时间，但是由于恐惧，他的心理仍不安宁。他的呼吸变得更加急促，心跳得更快，喉咙仍然梗塞。这时他的医生叫他到海边去度假。

海边虽然有使人健康的气候、壮丽的高山，但仍阻止不了他的恐惧感。一周后他回到家里，他觉得死神很快就要降临。

斯匹特的妻子看到他的样子，将他送到了一所有名的医院进行全面的检查。医生告诉他："你的症结是吸进了过多的氧气。"他立即笑起来说："我怎样对付这种情况呢？"医生说："当你感觉到呼吸困难，心跳加快时，你可以向一个纸袋呼气，或暂且屏住气。"医生递给他一个纸袋，他就遵医嘱行事。结果他的心跳和呼吸变得正常了，喉咙也不再梗塞了。

他离开这个诊所时是一个非常愉快的人。

此后，每当他的病症发生时，他就屏住呼吸一会，使身体正常发挥功能。几个月以后，他不再恐惧，症状也随之消失。自那以后，他再也没有找医生看过病。

许多人感到身体支持不住，往往症结在于心理上。保持愉快的情绪对身体的健康是非常有帮助的。"不怕才有希望"，对付困难是这样，对付疾病也是这样。

我们要保持愉快的心情首先就要正确认识压力。人生活在社会中，有压力是正常的事。因此，对平时正常的压力并不需要全面排除。但是，太大的压力、太重的心理负担就要想办法减轻了。在遇到精神困扰时，我们应该学会自我安慰、平息紧张，在多种复杂的情况下能沉着冷静处理各种事件。

当我们感到压力太大时，还应当主动疏导发泄，如把自己的体验、想法讲给亲人、同事、朋友，让郁闷释放出来，这样就会觉得有所安慰，心情也会变得轻松起来。或者转移注意力，工作之余积极参加文艺或体育活动，可以丰富生活，增加情趣。在心情不愉快时也可外出旅游、逛商店，来调整自己的情绪，达到乐而忘忧。

充满激情的心态去对待工作

激情而投入地工作与麻木而呆滞地工作是完全不同的两个天地。用充满激情的心态去对待自己的工作，就可正确控制手中的时间，为公司创造出不同凡响的效益。麻木而呆滞地工作只能使自己的工作效率低下，渐渐地你会感到厌倦，最后只能被淘汰。一个人如果对工作感到厌恶，对工作没有热忱和爱好之心，不能使工作成为一种喜悦，觉得工作是一种苦役，那么他一定不会有所成就。

这里有一个古老的故事，说的是3位砌砖工人的工作态度。

有人问："你们在做什么?"第一位工人回答："砌砖。"第二位工人回答："我在做每天赚10美元的工作。"第三位工人则回答："你问我？我在建造世界上最伟大的教堂!"

这个故事虽然没有告诉我们这3位工人的结局，但我们能猜出在以后的岁月里，他们会有什么样的变化。很可能，头两位工人仍然是砌砖工，他们缺乏远见和想象力，他们缺乏对工作的尊重。没有什么能推动他们去获得更大的成功。那位认为自己是在建造一座世界上最伟大的教堂的工人，不会仍然是一名砌砖工，或许他会成为一个工头或承包人，或是一位建筑师。他会不断地前进和得到升迁。

第三位砌砖工的话说明他对工作的看重与热爱，显示出他发展的巨大潜力。

通用电气公司的最高主管韦尔奇，连续数年被英国一份杂志评为最受推崇的企业家，他把通用电气可由一家庞大僵化的企业变成了"最具竞争力的企业"。

一次，韦尔奇找一个部门的主管来开会，在韦尔奇心中，这个部门虽有盈利，但还可以表现得更好。韦尔奇提出了自己的看法，但那位主管不大了解他的意思，只是一味地说："请看看我的收益，看看我的投资回报率，我选用的人，我做的事……”韦尔奇希望这位主管能明白他只是希望他对工作再多一点激情，再投入一点，这样就更有利于控制时间，提高效率，但这位主管仍是一头雾水。

最后，韦尔奇干脆给他一个建议：“我要你做的，就是休假一个月，放下一切，等你再回来时，变得就像刚接下这个职位，而不是已经做了4年。”

事情的发展果真如此，那位主管回来后精神焕发，把时间安排得井井有条，部门效益也明显提高了。韦尔奇通过这种措施，不但使各部门员工增强了工作的积极性，用饱满的精力去投入到工作中，又大大地节约了时间，取得了丰硕的成果。

在任何情形之下，你都不可以对工作产生厌恶感。这是最坏的事。若你为环境所迫，只能做些无趣的工作，你也要努力设法从这乏味的工作中找出些乐趣、意义来。

要知道只要是应当作而又必须做的工作，不可能是完全无意义的。这由你对待工作的精神状态好坏而定。良好的精神，会使一切工作都成为有意义、有趣味的工作。

若你认为你的工作是乏味的，那你厌恶的心理、厌倦的念头就会导致你的失败。乐观的、积极的、热忱的心理，才是吸引成功与幸福的磁石。

无论什么工作，只要是为社会所尊崇的，都具有无上的神圣性。只要是有利于人类的工作，都不是卑贱的、可耻的。只要聚精会神，工作上的厌恶、痛苦的感觉，就会消失。不明白这个秘诀的人，也不会懂得获得成功与幸福的方法。

在单位里，老板最反感的一种现象，就是在早晨八九点钟下属一个接一个地打哈欠，这种情况会令老板猜测，昨晚这个人究竟在做什么，虽然8小时以外不是老板管辖的范围，但是第二天这么疲倦地来上班，假如需要开机器，后果一定不堪设想。这样的员工无疑是把工作当成了苦差，毫无热情可言。

人可以通过工作来学习，可以通过工作来获取经验、知识和信心。你对工作投入的热情越多，决心越大，工作效率就越高。

当你抱有这样的热情时，上班就不再是一件苦差事，工作就变成一种乐趣，就会有许多人愿意聘请你来做你所喜欢的事。工作是为了自己更快乐！如果你每天工作的 8 小时，都好像是在快乐地游戏，这是一件多么合算的事情啊！

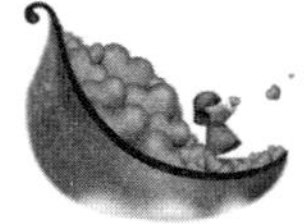

遇到困难，要有积极的心态

我们必须面对这样一个事实，在这个世界上成功卓越者少，失败平庸者多，成功卓越者活得充实、自在、潇洒，失败平庸者过得空虚、艰难、猥琐。为什么会这样？

仔细观察，比较一下成功者与失败者的心态，尤其是关键时候的心态，我们就会发现心态导致人生惊人的不同。

在推销员中，广泛流传着一个这样的故事：两个欧洲人到非洲去推销皮鞋，由于炎热的非洲人向来都是打赤脚。第一个推销员看到非洲人都打赤脚，立刻失望起来：“这些人都打赤脚，怎么会要我的鞋呢。”于是放弃努力，失败沮丧而回；另一个推销员看到非洲人都打赤脚，惊喜万分：“这些人都没有皮鞋穿，这皮鞋市场大得很呢。”于是想方设法，引导非洲人购买皮鞋，最后发大财而回。

这就是一念之差导致的天壤之别。同样是非洲市场，同样面对打赤脚的非洲人，由于一念之差，一个人灰心失望，不战而败；而另一个人满怀信心，大获全胜。

有些人总喜欢说，他们现在的境况是别人造成的，环境决定了他们的人生位置，这些人常说他们的想法无法改变。但是，我们的境况不是周围环境造成的。说到底，如何看待人生，由我们自己决定。纳粹德国某集中营的一位幸存者维克托·弗兰克尔说过：“在任何特定的环境中，人们还有一种最后的自由，就是选择自己的态度。”

塞尔玛陪伴丈夫驻扎在一个沙漠的陆军基地里。她丈夫奉命到

沙。漠里去演习，她一个人留在陆军的小铁皮房子里，天气热得受不了，在仙人掌的阴影下也有华氏125度。她没有人可谈天，只有墨西哥人和印第安人，而他们不会说英语。她非常难过，于是就写信给父母，说要丢开一切回家去。她父亲的回信只有两行，这两行字却永远留在了她心中，完全改变了她的生活：两个人从牢中的铁窗望出去，一个看到泥土，一个却看到了星星。

塞尔玛一再读这封信，觉得非常惭愧，她决定要在沙漠中找到星星。塞尔玛开始和当地人交朋友，他们的反应使她非常惊奇，她对他们的纺织、陶器表示兴趣，他们就把最喜欢但舍不得卖给观光客人的纺织品和陶器送给了她。塞尔玛研究那些引人入迷的仙人掌和各种沙漠植物、物态，又学习有关土拨鼠的知识。她观看沙漠日落，还寻找海螺壳，这些海螺壳是几万年前，这沙漠还是海洋时留下来的，原来难以忍受的环境变成了令人兴奋、流连忘返的奇景。

是什么使这位女士内心有这么大的转变?

沙漠没有改变，印第安人也没有改变，但是这位女士的念头改变了，心态改变了。念头之差使她把原先认为恶劣的情况变为一生中最有意义的冒险。她为发现新世界而兴奋不已，并为此写了一本书以《快乐的城堡》为书名出版了。她从自己造的牢房里看出去，终于看到了星星。

生活中，失败平庸者多主要是心态观念有问题。遇到困难他们只是挑选容易的倒退之路。“我不行了，我还是退缩吧。”结果陷入失败的深渊。成功者遇到困难，仍然是积极的心态，用“我要！我能!”“一定有办法”等积极的意念鼓励自己，于是便能想尽办法，不断前进，直至成功。爱迪生试验失败几千次，从不退缩，最终成功地创造了照亮世界的电灯。

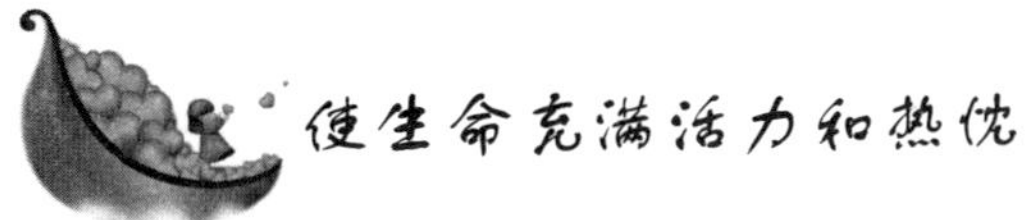

使生命充满活力和热忱

博伊尔说，“伟大的创造，离开了热忱是无法做出的。这也正是一切伟大事物激励人心之处。离开了热忱，任何人都算不了什么；而有了热忱，任何人都不可以小觑。”

热忱，是所有伟大成就的取得过程中最具有活力的因素。它融入了每一项发明、每一幅书画、每一尊雕塑、每一首伟大的诗、每一部让世人惊叹的小说或文章当中。它是一种精神的力量。它只有在更高级的力量中才会生发出来。在那些为个人的感官享受所支配的人身上，你是不会发现这种热忱的。它的本质就是一种积极向上的力量。

1907 年，后来成为美国著名的人寿保险推销员的法兰克·派特刚转入职业棒球界不久，就遭到有生以来最大的打击，因为他被开除了。他的动作无力，因此球队的经理有意要他走人。球队的经理对他说：“你这样慢吞吞的，哪像是在球场混了 20 年？法兰克，离开这里之后，无论你到哪里做任何事，若不提起精神来，你将永远不会有出路。”

本来法兰克的月薪是 175 美元，离开原来的球队之后，他参加了亚特兰斯克球队，月薪减为 25 美元。薪水这么少，法兰克做事当然没有热情，但他决心努力试一试。待了大约 10 天之后，一位名叫丁尼·密亨的老队员把法兰克介绍到新凡去。

在新凡的第一天，法兰克的一生有了一个重要的转变。因为在那个地方没有人知道他过去的情形，法兰克决心变成新英格兰最具热忱的球员。

法兰克一上场，就好像全身带电。他强力地投出高速球，使接球的人双手都麻木了。有一次，法兰克以强烈的气势冲入三垒。那位三垒手吓呆了，球漏接，法兰克就盗垒成功了。当时气温高达

39℃，法兰克在球场奔来跑去，极可能中暑而倒下去，但他在热忱支持下，挺住了。

这种热忱所带来的结果，真令人吃惊。

第二天早晨，法兰克读报的时候，兴奋得无以复加。报上说：那位新加进来的派特，无异是一个霹雳球，全队的人受到他的影响，都充满了活力。他们不但赢了，而且是本季最精彩的一场比赛。

由于热忱的态度，法兰克的月薪由25美元提高为185美元，多了7倍。

在往后的2年里，法兰克一直担任三垒手，薪水加到30倍之多。为什么呢？

法兰克自己说："这是因为一股热忱，没有别的原因。"

后来，法兰克的手臂受了伤，不得不放弃打棒球。接着，他到菲特列人寿保险公司当保险员，整整一年多都没有什么成绩，因此很苦闷。但后来他又变得热忱起来，就像当年打棒球那样。

再后来，他是人寿保险界的大红人。不但有人请他撰稿，还有人请他演讲自己的经验。他说："我从事推销已经15年了。我见到许多人，由于对工作抱着热忱的态度，使他们的收入成倍数地增加起来。我也见到另一些人，由于缺乏热忱而走投无路。我深信唯有热忱的态度，才是成功推销的最重要因素。"

一个人只有热爱生活，热爱生命，才能为自己的事业倾注足够的热情，才能在自己的领域中做出杰出的成就。法兰克正是由于对生活、对生命的热情，才在人生最惨淡的时候，让生命充满活力。

热忱，使我们的决心更坚定；热忱，使我们的意志更坚强！它给思想以力量，促使我们立刻行动，直到把可能变成现实。因此，拥有生命的我们，一定要使生命充满活力和热忱。

对自己有信心，人生就会很快乐

生活中有很多事例启示我们，不论在什么情况下，问题都有可能会随时发生，这也是对你的一种考验。如果只会推卸责任、怨天尤人，那只能让自己陷入孤立无援的境地。相反，以豁达的姿态去处理问题，就会赢得尊重。

查利曾经是一家汽车公司的职员，工作勤奋，一次意外，使他的右眼受伤，最后不得不摘除右眼球。

原本乐观向上的查利变得沉默寡言，因为眼睛变得丑陋，他害怕那么多投过来的目光，他拒绝上街。

公司给他的假期一次次延长，所有家庭的负担最终落在了妻子露丝的身上，她爱丈夫，爱这个家，她想让这个家和以前一样温馨快乐。除了白天的正职，晚上她还找了一份兼职工作，露丝认为，只要自己努力，查利心中的阴影一定会消除，那只是时间问题。

也许上天跟查利开了一个很大的玩笑，在他的右眼失去后，左眼的视力也受到了影响，一个阳光灿烂的早晨，儿子正在院子里踢球，在以前，即使再远，查利也会看清那是自己的儿子，而那天，查利竟然问妻子，是谁在院子里踢球呢。

露丝什么也没有说，只是走近丈夫，轻轻地抱住他的头。查利知道自己的状况，轻轻地说："亲爱的，我已经意识到了以后会发生什么。"露丝的脸上已满是泪水。

其实，露丝早就知道这个后果，只是她不想看到丈夫受那么大的打击，所以要求医生不要告诉他真相。而当查利知道自己将要失明后，反而安静了，这让露丝感到奇怪。

露丝知道丈夫能看见这个世界的日子已经不多了，她每天把自己和儿子都打扮得漂漂亮亮，一家人出去游玩，在查利面前，无论她心里有多么悲伤，脸上总是带着微笑，她想为丈夫留下最美好的

一面。

几个月过去了，查利的视力一天比一天差，一天他对妻子说：“你才买的套裙看起来太旧了。”

露丝只能装作自己买的裙子颜色不好，其实她那件套裙的颜色在太阳底下绚丽夺目。

露丝想，自己到底还能为丈夫留下什么呢？

第二天，露丝请来一个油漆匠，要他把家具和墙壁重新粉刷一遍，他要让查利的心里永远都记得家的模样。

油漆匠很认真地粉刷着，一边干活一边吹着口哨。一个星期，把所有的家具和墙壁刷好了，而且，他还知道了查利的情况，算工钱的时候，油漆匠对查利说：“很抱歉，我干得很慢。”

查利说：“你天天那么开心，我也感到高兴。”

查利把工钱给了油漆匠，露丝看见了，对查利说：“你少算工钱了。”

油漆匠说：“我已经多拿了，一个等待天明的人还那么平静，我明白了什么叫勇气，”

查利坚持让露丝多给油漆匠 100 美元，查利说：“你让我知道了，原来残疾人也可以自力更生，生活得很快乐。”

原来油漆匠只有一只手。

豁达的姿态不仅可以用于对别人，在自己遇到困难的时候，也不妨退一步去想，从而体现出广阔的胸怀和宽大的气度。

大海里生活的鱼不会因为一点点的风浪就惊慌失措；而小溪里的鱼，只要感觉到一点点的异常东西，就会立刻逃散，人也是如此。

在困难面前，你首先要正视他，才能战胜它。其次，有了战胜困难的决心，再加上坚持不懈的努力，你就会发现，困难一点也不可怕，生活其实很简单，无论是残疾还是病痛，只要对自己有信心，人生就会变得快乐。

第六章　成就优势，盘点自信的“资本”

也许你羡慕别人的灿烂笑容，却不知道那可能是苦中作乐或强颜欢笑：也许你羡慕别人的财富，却不知道“吃得苦中苦，方为人上人”，不知别人在背后付出了多少艰辛的努力。

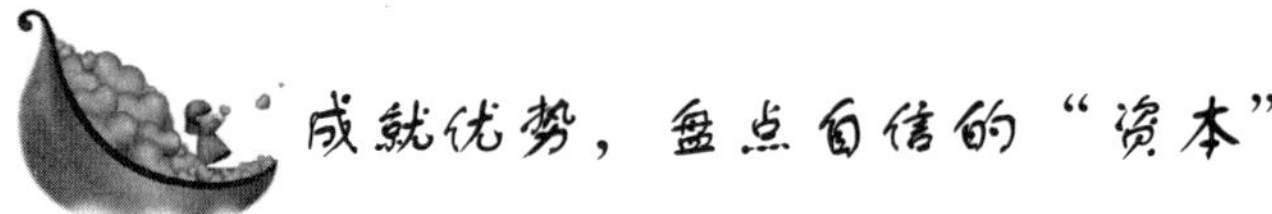

成就优势，盘点自信的“资本”

也许你羡慕别人的灿烂笑容，却不知道那可能是苦中作乐或强颜欢笑：也许你羡慕别人的财富，却不知道“吃得苦中苦，方为人上人”，不知别人在背后付出了多少艰辛的努力。

我们自己身上，也可能有让别人羡慕之处。比如我们现在的工作非常累，但我们为了理想而奋斗，生活很充实；一个人事业受挫了，但他还有成功的机会；一个人下岗了，但他还有健康的体魄，可以从头开始。和那些更不幸的人相比，这一切都是值得羡慕，也是值得珍惜的。

人生不可能圆满。懂得每个人的生命都有欠缺，就不会与他人做无谓的比较，反而会珍惜自己所拥有的一切。因此，心理学家提醒我们，在羡慕别人的同时，我们也应找出自己所羡慕的特质，看看哪些是自己所拥有的。如果自己有，就充分地发掘和运用：如果没有，也不要痛惜，因为“条条大道通罗马”，“行行出状元”，我们只要发挥出自己的优势，做出成绩，也会在某些方面让别人羡慕。也就是说，“临渊羡鱼，不如退而结网”。

一个人来到世间，都有一定的优点：你会画画，他会编织；你有体力，他有智力；你眼力很好，他听觉过人：你有文凭，他有水平；你精明他肯干；你能从政他能经商；你能科研他能制造；你是“千里马”他是“老黄牛”；等等。人就怕自己忽略了自己的优点而自暴自弃。关键是怎样认识自己，创造性地发挥自己的优点，永不言输。

著名作家史铁生知道自己患病瘫痪时，回到家中一度绝望。老师去看他，他沮丧着说自己是个废人了。老师说：“你的作文当年不是很好吗，在家学着写啊！”这让史铁生看到了自己的优点，试着投稿，后来果然成为著名作家。

人最大的弱点是不能认识自己，就是说，有的人看不到自己的缺点，有的人看不到自己的优点。看不到自己缺点的人大多不能进步；看不到自己优点的人虽然有潜在的发展空间，却没有发挥出来，他们要做的就是发现自己的优点。那么怎样发现自己的优点呢？

找出自己的优点似乎容易，其实也挺难。我们从小到大接受的教育中，很少有找出自己优点这个内容，更多的是听师长教诲，不断地被指出各种各样的缺点，然后努力去改正这些缺点，成为他们心目中的优秀人才。我们是在这样的教育中长大的，因此已经习惯了寻找自己的缺点，现在来找自己的优点，就变得有点困难。

我们可以从过去的经历中总结：我曾怎样发挥自己的优点，什么时候收获了怎样的成功，制胜的因素在哪里，那么我的优点、优势可能就在那里；我在什么时候又遭遇到了怎样的失败，失败的原因又在哪里，那么也许这就是我的弱点、劣势所在。

这样的自我总结，可以让我们发现自己的优点、优势，弱点、劣势。不断地总结，不断地积累经验，不断地吸取教训，我们对自己的认识就会更加深入。

美国钢铁大王卡内基每次感到失望、沮丧的时候，都会玩一个“幸福游戏”，就是在一张纸上写出自己所有的优点与长处，然后想一想：“如果没有这些优点，我现在会怎么样？”

然后，他就清楚地看到自己的长处所在，以及这些长处曾经给他带来的成功。这使他重拾自信心，觉得眼前的困难没有什么大不了的，相信自己仍然可以像过去那样战胜各种困难。

从现在开始，我们至少要从自己身上找出 5 条以上的优点，然后最大限度地把它们发挥出来，这样，我们的生活将会翻开新的一页。

找优点，是自我鼓励、自我正强化的过程。另外，找到了自己的优点，在做事的时候经常想着它们，会增加我们做事时的自信。

我们知道，和人初见面时，即使只是最初些微的不安，也会渐渐扩大，最后让人变得心神不宁，因而无法在对方心中留下良好的印象。更糟糕的是，有人可能会不知不觉地陷入不安的恶性循环，从而导致对人际交往产生恐惧。

初见面时产生的不安，大半起因于无来由地鄙视自己。其实每个人必有优于他人的长处，即使是自认为微不足道的长处，为了帮助自己建立信心，请在见面前想一想，列出来吧！

譬如，当你被通知要参加面试，可以这样做心理准备：把自己的优点集合起来，一一列举，形成一个优势，然后写下要说的重点，进行场景训练。所谓优点，是任何你能运用的才干、能力、技艺与人格特质。这些就是你能有贡献、能继续成长的要素，就是你竞争的法宝。这样做使你能够自信满满地参加面试，并给聘用方留下好印象。

我们不能因为自己的优点而不可一世、咄咄逼人，但是在阐述自己的优势时也不要觉得不好意思，开不了口。

与他人相处时。找出自己优于对方的地方。也会消除我们的不安，使我们能信心十足地面对对方。例如在宴会中，对方一杯酒下肚便满脸通红，你心里想“这个人酒量实在不行，若是换成我的话……”信心马上油然而生。如此一来，不仅会祛除不安，还能在心理上与对方处于平等地位，甚至于还会自觉高于对方。

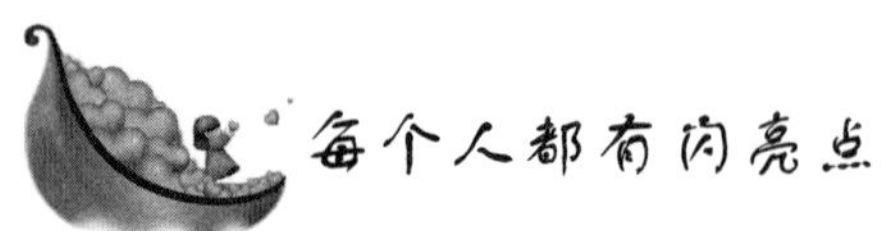

每个人都有闪亮点

迈可·兰顿生的奋斗事迹照亮了许多人的人生之路，成为很多人所景仰的英雄。

他生长在一个不正常的家庭里，父亲是个犹太人（十分排斥天主教徒），而母亲却偏偏是个天主教徒（却又十分排斥犹太人）。在他小的时候，母亲经常闹着要自杀，当火气一来便抓起吊衣架追着他毒打。就是因为生活在这样的环境中，所以他自幼就有些畏缩而身体瘦弱。然而日后在那部叫座的电视影片《草原上的小屋》中，他却扮演了那个殷格索家庭的一家之主，他那坚毅而充满自信的性格给大家留下了深刻的印象。可是，迈可的人生为什么会有这样的改变呢?

在他读高中一年级时的一天，体育老师带这一班的学生到操场去教他们如何掷标枪，而这一次的经验就此改变了他后来的人生。在此之前，不管他做什么事都是畏畏缩缩的，对自己一点自信都没有。可是那天奇迹出现了，他奋力一掷，只见标枪越过了其他同学的纪录，多出了足足有30英尺。就在那一刻，迈可知道了自己的前途大有可为。在其日后面对《生活杂志》的采访时，他回想道："就在那一天我才突然晓得，原来我也有能比其他人做得更好的地方。当时便请求体育老师借给我这支标枪，在那年整个夏天里我就在运动场上掷个不停。"

迈可发现了使他振奋的未来，而他也全力以赴，结果有了惊人的成绩。那年暑假结束返校后，他的体格已有了很大的改变，而随后的一整年中，他特别加强重量训练，使自己的体能更往上提升。高三时的一次比赛，他掷出了全美高中生最好的标枪纪录，因而也让他赢得南加大的体育奖学金。对着这个人生的转变，套句他自己的话就是：可真是一只"小老鼠"变成了一只"大狮子"。

在这个世界上，我们每个人都有自己独特的一面，都有比其他人做得更好的地方，遗憾的是，很多人都不知道或没有找到。当人找到了这个属属于自己的领域的时候，他就会由自卑变得自信，并会发挥出自己的潜能。

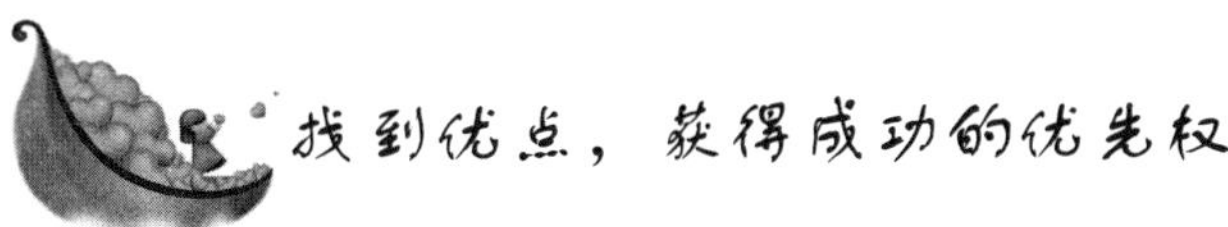

找到优点，获得成功的优先权

在这个世界上，每一个人都有一个属于他自己的位置，即有些人所说的人生坐标。谁在最短的时间内，找到了自己的人生坐标，谁就取得了获得成功的优先权。

喜剧大师查理·卓别林出生在一个贫寒演员家庭，12岁时父亲

酗酒去世，母亲患精神病被送入精神病院。

他母亲 16 岁就开始在剧团演主角，卓别林认为，“她有足够的资格当一名红角儿”。但是她的嗓子常常湿润，喉咙容易感染，稍微受了点儿风寒就会患喉炎，一病就是几个星期，然而又必须继续演唱，于是她的声音就越来越差了。

卓别林 5 岁那年的一天晚上，他又一次和母亲去一家下等戏馆演唱。母亲不愿意把他一个人留在那间分租的房子里，晚上常常带他上戏院。

那天晚上，卓别林站在幕后看戏，只见他母亲的嗓子又哑了，声音低得像是在悄声儿说话。听众开始嘲笑她，有的憋着嗓子唱歌，有的学猫儿怪叫。他糊里糊涂，也闹不清楚发生了什么事情。但是噪声越来越大，最后母亲不得不离开了舞台，并在幕后面跟舞台上管事的顶起嘴来。管事的以前曾看到卓别林表演过，就建议让卓别林上场。

在一片混乱中，管事的搀着 5 岁的卓别林走出去，向观众解释了几句，就把卓别林一个人留在舞台上了。面对着灿烂夺目的脚灯和烟雾迷蒙中的人脸，卓别林唱起歌来：“一谈起杰克·琼斯，哪一个不知道……可是，自从他有了金条，这一来他可变坏了……”

卓别林刚唱到一半，钱就像雨点儿似的扔到台上来。他立即停下，说他必须先拾起钱，然后才可以接下去唱。这几句话引起了哄堂大笑。舞台管事的拿着一块手帕走过来，帮着他拾起了那些钱。卓别林以为他是要自己收了去，就把这想法向观众说了出来，这一来他们就笑得更欢了。管事的拿着钱走过去，卓别林又急巴巴地紧跟着他，直到管事的把钱交给他母亲，他才返回舞台继续唱。台下的观众笑的笑，叫的叫，还有人吹起了口哨，气氛更为热烈……

受到这种鼓励，卓别林也来了劲，他无拘无束地和观众们谈话，给他们表演舞蹈，还做了几个模仿动作。有一个节目是模仿他母亲唱支爱尔兰进行曲：“赖利，赖利，就是他那个小白脸叫我着了迷，赖利，赖利，就是那个小白脸中了我的意……那位高贵的绅士，他叫赖利。”在唱歌的时候，他把母亲那种沙哑的声音也模仿得惟妙惟肖，观众被这个5岁的小男孩逗得捧腹大笑，扔上了很多钱。

卓别林后来回忆说："那天夜里在台上露脸，是我的第一次，也是母亲的最后一次。"正是那次表演，卓别林找到了自己的优点，确定了自己的位置，从而走上了一条成功之路。

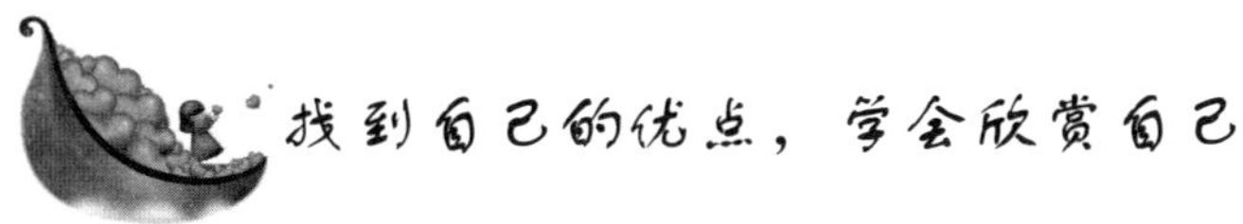

找到自己的优点，学会欣赏自己

即使是最成功、最有影响的人物，也一样有不如别人的地方。假设我们以影星巩俐做例子，这样一个美丽又多才的女人，我们有什么地方比她强吗？一定有。

也许你书读得比她多，也许你搜集的邮票堪称一绝，也许你有几位交情深厚的同性好友，也许你球打得比她好。不论是容貌、财富、能力、经验，或是爱好、家庭、朋友、师长，至少你要能找出自己比别人强的四点理由。找到这四项长处，把它一项项写下来，大声念给自己听。现在你知道，要从什么地方去展现你的魅力了吧！

肯定自己、欣赏自己、喜欢自己，这是自我发现，做新人的第一步。先找到自己的优点，学会肯定它，看出自己与别人的不同，试着欣赏它，这样在芸芸众生当中，你突然间又发现了一个可爱的人，不自觉地喜欢上自己。喜欢自己，不是一件容易的事。

绝大多数人容易喜欢别人。欣赏偶像，肯定大人物，和他们相比较之下，自己仿佛一无是处。即使是身边最普通的朋友，有时也让我们心生羡慕，自叹弗如。有的朋友有许多的优点，却自认是一个不漂亮、没有魅力、不讨人喜欢的人物。其间最大的障碍，就在于他从来不曾真正欣赏过自己所拥有的一切。任何一个有魅力的成功人士，都懂得欣赏自己、肯定自己、喜欢自己。

在这个世界上，本来已经充满了阻挡我们前进的重重障碍。人的生存需具备披荆斩棘的勇气，不停地和所有恶劣的环境搏斗。而所有看来具有魅力的人物，莫不是在生活的重莺煎熬中，不休不止地与自己奋斗，与他人抗争。这样的对抗已经万分艰难，在艰难之余，还能够流露出自在的魅力。不免使我们好奇，他们的力量来自何处。答案很简单，除了别人的认可，自己给予自己的支持最为重要。如果连自己都不支持自己，那么还有谁会推动你走下去呢？我们的内在都有等待去开发的优点，也许那优点微不足道，但是小树也有长成大材的一天，一点点的优点，只要得到充分发挥，说不定正是伟大人物的起点。

找出你的四个优点，认清自己与别人不同的地方，肯定自己的个性、方向及坚持，在困境中仍然不忘欣赏自己。在整体世界都掉头离去的时候，还要支持自己走下去。

要善于挖掘自身的优势

懂得欣赏自己，不但要学会正视自身的弱点，还要善于挖掘自身的优势。身处逆境时，人要乐观地对自身作出一个客观的评价，找准人生的坐标，在逆境中积蓄力量，等待时机促成质的飞跃，实现自己的社会价值和生存价值。失败时，可以给自己一个微笑；成功时，不妨为自己作一次喝彩。这世间只有一个“我”，没人可以替代，只有这样，“我”才拥有了 N 个“我”，我们才拥有了生命的方向。

一个少年对一位老人抱怨说，自己没有金钱、没有地位，甚至也没有一位姑娘来真心爱自己。

老年人微笑着说：“这样吧，我们来做一个交易吧。你把你的手给我，我给你 100 万。”少年很吃惊，大声说：“你给我 1000 万我也不换！”老人又说：“那把你的脚卖给我，我让你当州长。”少年摇头说：“你让我当总统也不行。”

老人再次建议道：“把你的双眼卖给我，我让你娶到全国最美丽的女子。”少年毫不犹豫地拒绝了：“就是给我一个仙女，也买不走我的眼睛。”老人笑着对年轻人说：“你有一双价值超过100万的手，还有重要程度超过总统地位的双脚和比仙女还重要的眼睛，你还缺什么呢?”少年恍然大悟，原来自己身上就有着非常珍贵的东西！我为什么不充分利用自己身上的长处呢？所以我要鼓足勇气走下去!

人生走在上坡时，往往把自己估计过高，似乎一切所求都唾手可得，甚至把运气和机遇也看做自己身价的一部分而喜不自胜；人在失意时，又往往把自己估计得过低，把困难和不利看做是自己的无能，从而窒息了自己的才华。

《庄子》中有这样一则故事，上天给了子舆很多身体上的缺陷：驼背、耸肩、脖子朝天。朋友问他：“你讨厌自己的样子吗?”他回答说：“不！我为什么要讨厌它呢？假如上天使我的左臂变成一只鸡，我就用它在凌晨来报晓；假如上天使我的右臂变成弹弓，我就用它去打斑鸠来烤了吃；假如上天使我的尾椎变成车轮，精神变成了马，我便乘着它遨游世界。

上天赋予我的一切，都可以充分使用，为什么要讨厌它呢？得，是时机；失，是顺应。安于时机而顺应变化，所以哀乐不会侵到我心中。”子舆无疑是懂得欣赏自己的，而且是那么全然、喜悦地接受自我，不自暴自弃，并能充分发挥自己独特的潜能，化劣势为优势。人在懂得欣赏自己的瞬间，便达到了超脱。我们常常会听到有人怨天尤人，哀叹时运不济，嫉妒他人的成功。其实，生活对每一个人都是公平的。

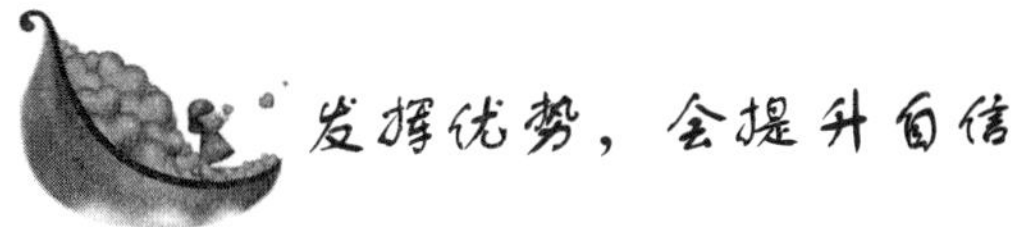

发挥优势，会提升自信

战国时的齐国大将田忌很喜欢赛马。有一次他和齐威王约定，在赛马中把各自的马分成上、中、下三等，对等比赛。由于齐威王每个等级的马都很强悍，所以比赛了几次，田忌都失败了。这时，孙膑给田忌出了一个主意：在新的比赛中，以下等马对齐威王的上等马，以上等马对齐威王的中等马，再以中等马对齐威王的下等马。结果用这种策略，田忌的马以二比一获胜了。

这就是我们熟知的“田忌赛马”的故事。孙膑的谋略奥秘在于：尽量用自己的强项去和对方的弱项竞争，也就是“扬长避短”。因为你拿自己的强项与对方的弱项竞争，就比较容易胜利：如果拿自己的弱项与对方的强项竞争，就比较容易失败。胜利会增强你的自信，失败则会削弱你的自信。

这个道理在生活中各个领域都是适用的。我们要想在事业上取得成功，要想比别人更有竞争力，就需要我们尽量用自己的强项去和他人竞争。

在工作中，我们常常会遇到这样的情况：明知道你在这方面比不过人家，可是还要硬着头皮去做，还美其名曰“执著”。其实，在这种情况下，我们可以换一种思路。

古人云：三百六十行，行行出状元。统计表明，现在社会上的行业一共有 15 大类，62 个种类，222 个小类，4000 多个学科领域，1000 多种职业，真可谓通天大道九千九百九十九。每个人都有自己的优势，学会扬长避短，才更容易成功。

著名的调查公司盖洛普公司通过研究成千上万的成功案例发现：成功者有个共同特征，就是懂得扬长避短、发挥优势。

盖洛普借用近年脑科学的研究成果，发现一个人在 3 ~ 15 岁时。大脑基本特征已经形成。也就是智力上的优势、弱势已经定型，后来很难改变，所谓“江山易改，本性难移”。比如你可能是个社交型的人，或者是取悦型的人，或者是统帅型的人，或者是和谐型的人，这是与生俱来的。如果这种类型的人去做另一种类型的工作，往往不会成功，因为他没有发挥自己的优势。一个人只有知道自己的优势，才知道会在哪里成功。

那么怎样发现自己的优势呢？方法有很多，最直接也最有效的方法是从过去的经历中，寻找自己最得心应手，也最有成就感的事情，这里面就蕴藏着你的优势。

发现优势以后，我们要专注于它，做自己擅长的工作，让优势得以发挥。同时，我们要加强这种优势，不断反思自己哪些地方还需要改进；在哪一方面的知识已经落伍了，需要吸收新知，以免被时代淘汰。而对于我们缺乏天分，少有才干或能力的劣势领域，则不需要花费太多精力，只要别让它们拖我们的后腿就行。

张超的经历，就充分证明了发挥自己优势对于事业成功的重要性。

张超是一个品学兼优的学生，在一所重点大学读本科时就获得了经济学和法学双学士学位，毕业后在大型企业做了两年的营销策划工作，后又重返学校读研究生。读研究生期间，他在国家核心刊物发表了好几篇有影响的论文，连任四期该校研究生学报的主编，在全国性的创业大赛上三次获奖，是该校的优秀学生干部和优秀毕业生。他的毕业论文发表后，在金融界和知识产权界引起很大反响，中央电视台等十几家媒体都对他进行了追踪报道。

尽管这样，张超也有自己的弱点，就是合作精神不够，不善于和别人相处。客观地说，张超找一份比较独立的工作是比较现实的。但是为了挑战自己的弱点，研究生毕业后，张超到北京一个研究所工作。仅两个月，他就因跟上司、同事的关系不好而被迫离职。这对他的自信打击很大。

在征询职业规划师的意见时，张超说："我就是想学会与别人合作。一个人的力量是有限的。如果我现在不去学会与别人一起工作，那我以后就更不行了。"

但是职业规划师告诉张超，工作基本上可以分为两种：独立工作和与别人一起工作。不是所有的工作都需要大家一起来做：有些工作需要与别人合作：有些则完全可以由自己独立完成。选择工作不需要挑战自己的弱点，应该避开自己的弱点，发挥优势。选择与自己优势相符的工作，才有助于我们的长期发展。而且因为性格原因，有的人适合于与别人一起工作，有的人则不适应。不适应与人合作的人，虽然通过实践、学习可以有所改变，但毕竟有限。因此，如果有独立工作的能力，就应该选择一个独立工作的职业，而不必选择必须费力改变自己弱点才能胜任的工作。

根据职业规划师的建议，张超开了一个律师事务所，专门受理经济类案件。后来，他的事业发展得非常成功，又恢复了往日的自信。

很多人都像张超这样，不知道自己能干什么，眼睛总是盯着别人。他们试图改变自己去迎合大众，试图弥补自己的短处，来与别人的长处竞争，似乎这样才能显示其勇气和执著。其实这是一个误区。用自己的短处和别人的长处竞争，多半只会给你带来失败，打击你的自信，甚至使你一蹶不振。

上天造人，使每个人各有天赋与优势。我们要做的，就是找到这个优势，并充分发挥它，也就是去做我们擅长的事情。这样，我们才得心应手、如鱼得水，才能表现出最好的自己，才能拥有高度的自信。

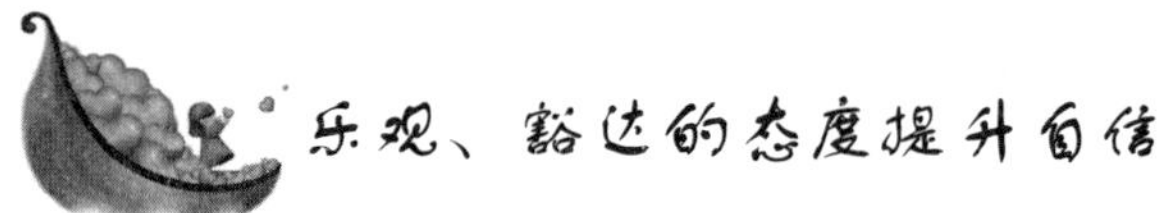

乐观、豁达的态度提升自信

生活中有两种人，一种人习惯利导思维，另一种人习惯弊导思维。前一种人习惯于看事物好的、有利的一面，后一种人则习惯看事物不好的、不利的一面。善于利导思维的人采取积极乐观的态度，对任何事情都能往好的方面想，心情比较平和愉快；而喜欢弊导思维的人采取消极悲观的态度，遇事总爱找缺点、看毛病，容易消沉。

任何人的生活都有好的和坏的一面，问题在于我们怎样去审视生活。选择什么角度去看，这体现了每个人的智慧。我们完全可以运用自己的判断力做出正确的选择，养成乐观的性格，而不是相反。乐观、豁达的性格有助于我们看到生活中光明的一面。即使在最黑暗的时候也能看到光明，保持自信。

试想，做管理的人，如果无端放大员工的缺点和劣势，看不到员工的潜质、特长和对成功的渴望，他怎么能成为自信的职业经理人？

作为职业者，如果只看到单调重复的日常工作，却看不到在积累进程中的能力提升，那他的自信怎能提高？

作为生意人，如果只看到经济景气和不景气的事实，却看不到，在景气和不景气的时候，都有人赚钱，有人赔本，他怎能不沮丧？

心理学研究发现，不良情绪的产生过程是这样的：当你遇到不满、生气、恼怒或伤心的事情时，会刺激感官产生不愉快的信息并传入大脑，刺激大脑产生相应的不愉快情绪。

如果不愉快信息大量输入，就会在你的大脑活动中形成不愉快情绪的优势中心。结果使你变得非常不自信。

因此，如果你发现自己受到不愉快信息的刺激，就要马上转移心理活动的方向，去想一些高兴的事，不断向大脑输送愉快的信息，以建立愉快信息的优势中心。

决定心情的一个关键因素，是把注意力放在哪里。我们可以通过调节自己的注意力，去注意生活中乐观的、积极的方面，使自己养成积极的心态。

调控注意力就像控制摄像机的镜头，你可以主动选取摄入的内容。比如，在美丽的大自然中，有人为绚丽多彩的百花而欣喜，有人却为杂草害虫而担忧。两个人一起去探险，水壶里还有半壶水，甲说，“完了，只有半壶水了，我们只好放弃了。”而乙说，“啊，还有半壶水呢，我们一定能成功。”

当你的整个注意力都被吸引到对美好事物的欣赏，或者你对某一件工作的潜心思考中去，不愉快的事情所引发的不良情绪就会在不知不觉中烟消云散。你会重拾对生活的自信。

如果你的身边发生了一件让你不愉快的事情，那么请想一想那些让你愉快的事情吧。譬如，这时候你可以找个喜欢的大片来看。电影会把你带入另一个世界，精彩纷呈，引人入胜。然后你会发现，生活中有趣的事情这么多，怎能把宝贵的精力浪费在无用的懊恼上面呢？

你只需要转移自己的注意力，去想让自己愉快的事情。然后，你的心情会好起来，对生活的信心又会回来。

接受自己的外貌，是建立自信的第一步

对于外貌，我们不妨坦然地自我悦纳，以积极、赞赏的态度来接受自己的外表，并设法消除各种附加于上的“不良信息”，做到不听、不信、不制造，一句话——不自己给自己找麻烦。

中央台《半边天》节目主持人张越是一个大家公认的“胖子”，但是她已经学会了坦然面对自己的相貌：

“我的胖很有天赋，从小学高年级开始，就明显比别人胖。那时候我觉得胖是一件特大的罪过，对不起所有的人……我一度有些自闭。走在街上，别人多看我一眼，我就会用仇视的眼光盯上人家。我向来拒绝上体育课，我怕跑得特别慢，跳得特别不高被人嘲笑，因此差点儿拿不到大学毕业证。压抑久了，物极必反，有两年我嗜好奇装异服，比方穿件蜡染大袍，挂一串骷髅头，手腕上是蛇形手镯。其实我的相貌、性格都跟‘前卫’、‘酷’这事儿沾不上边……再后来，我穿衣什么禁忌也没有了，街上再有人看我，我由衷地觉得是因为我穿得漂亮。这不是衣服的事，是心理问题解决了。”

接受自己的长相，是一个人接受自己的第一步，也是一个人建立自信心的第一步。

一开始，我们或许排斥过自己的长相，为自己感到自卑，或许羡慕别人，但是，如果停留在这样的状态，我们就永远与自信成熟无缘。一个不接受自己的人，是心理不健康的人，是不成熟的人，无法发挥出自己的能力，也无法获得应有的快乐。

其实，美与丑往往没有绝对的标准。如果你了解下世界各地的土著对美的奇怪标准，你会哑然失笑。即使在人类社会里，对美丑也没有很绝对的标准。大眼睛如赵薇是一种美，小眼睛如林忆莲也别有韵味；白皙是一种美，黑美人却也别有风情；高个子的林志玲有模特的身材，而矮个子的朱茵也有娇小玲珑之美。个子高挑，你可以潇洒，个子矮小，你可以精干；胖一些，你可以富态，瘦一些，你可以精神；即使你长得实在丑，你还可以温柔呢！

只要你仔细去发现，终归会发现自己的美。而且，往往是你觉得自己美，表现出自己的美，别人也会越发觉得你美了。因为自信真的可以透出一种美。

我们还要知道，人有外在美和内在美之分。美的感觉不仅仅来自于相貌，即使长相不尽如人意，如果我们打造出足够的内在美，自卑感就会消失。所谓“人不是因为美丽才可爱，而是因为可爱才美丽”。

当人们彼此熟悉，会发现内在美给人的感觉更持久，比那些脸蛋漂亮、个性却不好的人更加可爱，让人看着也更加顺眼。这也是“情人眼里出西施”的原因所在。

而且，人上了年纪，青春的美貌都会消失，这时候，你不应该执著于自己的外在美，而应该为自己的内在美而担心才对。

按照林肯的说法，一个人在四十岁后，就该对自己的长相负责。林肯的一位朋友曾向他推荐某人为阁员，林肯却没用那个人。这个朋友问林肯为何不用他，林肯说：“我不喜欢他的长相。”朋友质问道：“你怎么能以貌取人呢?”林肯说：“一个人过了四十岁，就该对自己的长相负责。”林肯认为，一个人的美与丑，很大程度来自于他的品性与修养给别人的印象。

尤其是过了四十岁，这时候，你的美丑几乎完全由你的内在美所决定了。所以《论语·阳货》中有这样一段话：“年四十而见恶焉，其终也已。”意思是，到四十岁的时候还是被人讨厌，就无可救药了。

内在修养不同，人的外貌也就不同。比如，做学问的人通常显得有文雅的气质，经商的人会显得油滑，温柔的少妇皮肤细嫩，泼妇则显得横眉立目……而且，人的心态也会从相貌上体现出来——乐观的人脸色红润，悲观的人面色灰暗。我们应该尽量增加自己的学识和修养。提升自己的内在美，所谓“腹有诗书气自华”，由内涵而透露出来的优雅、沉着的气质，会使我们看起来更美。

发挥潜力，人人都可以取得成功

人生的成功和梦想是可以伸缩自如的：对社会有用；对家人有用；让自己不要成为亲人精神上的负担。其间，进进退退，如何拿捏，就是一个人生活的智慧和能力了。

成功完全是属于个人认知范畴的概念。对不同的人，成功也就有着不同的意义。成功不尽是赚很多钱，成功不尽是在报纸上看见自己的名字。对于我来说，成功是有个好丈夫和快乐的孩子；对于你来说，成功是自己开个农场；对于他来说，成功是当董事长；对于她来说，成功是当个有名的芭蕾舞蹈家；对于别人来讲，成功是当个好老师……每个人对于成功的定义都不一样，正表明每个人都是独一无二的，每个人都有着不同的优点、兴趣、目标和价值观。我们不必拿别人的“成功”标准来衡量自己。

生活里没有失败者，只有在能力、技能、兴趣方面千差万别的人。固然，有一些人选择与别人竞争，但是，这并不意味着你在输了几分或射偏了足球门时，就是一个失败者。你仍然照常生活，你仍然具有高级的价值和需要，仍渴望发现真理，并创造一切使你充分发挥潜能的机会。你不过是在某一天的比赛中比你的对手少得了几分而已。

当你为自己设立一个目标，但经过努力仍未达到目标时，情况也是如此。作为一个人，你并不因为没达到目标就成为一个失败者。

你必须吃一堑长一智，追求另一目标。这样不断地成长。才是生活的意义所在。著名发明家爱迪生经过上万次的试验之后终于发明了电灯，有人问他经历如此多的失败有何体会时，他的回答很有启发意义：“失败？我从未失败过，我现在知道了上万种不能制造电灯的方法。”

一旦你认为自己是一个失败者，你就会失去自信，自暴自弃。

这样，你就看不到生活的意义，也就不可能成长。

我们应改变扭曲了的成功观念。成功虽然有一些外在评价指标，但更多地取决于当事者的内在感受。一个人对自己的成功认可度，与他所拥有物质财富的多少之间，并没有必然的联系。

世上既有少年得志，也有大器晚成，既有万众瞩目的荣耀，也有清虚自守的安宁。由于禀赋、性格、成长环境、发展机遇的差异，绝大多数人终其一生不可能成为比尔·盖茨，但只要踏踏实实走好生活的每一步，每个人都可以度过无悔的人生。

我们要学会感受自己内在的成功。我们应该考虑：这是我需要的成功吗？我真正喜欢做的事业是什么？我是否只在满足别人的期待？我真正的愿望是什么？

内在的成功并没有一个固定的模式，只要能够充分发挥自己的潜力，符合自己的性格，满足自己的兴趣，让自己高兴和快乐——就是内在的成功。这是解放自己的精神、获取生活幸福快乐的必要条件。

爱德华·贝内特·威廉斯1920年出生于康涅狄格州的哈特福尔德，是当时最著名的出庭律师之一。1983年刊登在纽约的《时代》杂志上的一篇文章，称威廉斯是在总统、议员和报界人士当中从容周旋的“法律家、体育家、政治家，华盛顿政府的柱石人物。”

威廉斯在许多方面取得了很大成就，但是让我们听听他对成功的看法：“当我把自己的体力、智力、想象力、创造力和精力全都发挥到最大限度的时候，我感到了心满意足。不管陪审团最后做出什么样的裁定，我知道，以我自己的标准来衡量，我已经取得了成功。”

威廉斯相信，人人都是可以取得成功的。“我认为‘成功’或者‘胜利’这个词的含义，就是最大限度地发挥你的能力——包括你的体力、智力以及精神和感情的力量，而不’论你做的是什么事情。如果你做到了这一点，你就可以感到满足，我认为你便是个成功者了。”

获胜实际上是一种态度，而击败对手则是变幻莫测的事情——

你也许今天赢，明天输。此外，没人能够永远击败所有的人。

如果你永远以获胜的态度看待自己，那么，无论你是什么人或做什么事，你总是一个胜利者。你会因此感到自信，你的实际才能也会大大提高。

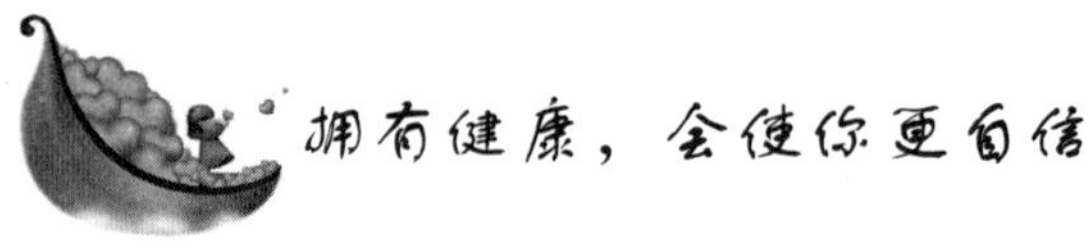

拥有健康，会使你更自信

我们许多人以为，我们的心理状态只与外部事件有关，却忽视了它也可能与生理状态有关。心理学家发现，我们的睡眠状况、吃的食物、健康水平及精力状况，都可能影响我们的心理状态和自信程度。

比如，睡眠不足对我们的心理状态影响极大。科学家发现，睡眠不足的人更容易感到烦躁、压力大，缺少自信；而睡眠充足的人则更容易心情舒畅，看待事物的方式也更乐观。

这点或许我们自己也有切身体会吧。当我们睡眠不足的时候，如果第二天面对重要的工作任务，是否会因为困倦、精力不济，而减弱了完成任务的自信呢？可见，要想保持良好的情绪和充足的自信，我们首先要保证充足的睡眠。

除了睡眠，饮食也会影响我们的心理状态。营养学家告诉我们，大脑活动的所有能量都能来自我们所吃的食物，因此情绪波动也常与我们所吃的东西有关。

《食物与情绪》一书的作者索姆认为，对于那些每天早晨只喝一杯咖啡的人来说，心情不佳并不奇怪。他认为，要确保心情愉快，应养成一些好的饮食习惯：定时就餐（早餐尤其不能省）；限制咖啡和糖的摄入（它们都可能使你过于激动）；每天至少喝六至八杯水（脱水易使人疲劳）。

另外，碳水化合物更能使人心境平和、感觉舒畅。它能增加大脑血液中复合胺的含量，而该物质被认为是一种人体自然产生的镇静剂。我们应多吃水果、稻米、杂粮等富含碳水化合物的食物。

科学家还坚信，维生素和氨基酸对人的心理健康很有帮助。他们发现：脾气暴躁且怪僻、悲观的人在大幅度改善营养，增加了维生素和氨基酸后，大脑中维持正常情绪的去甲肾上腺素就会大大增加，可以在很大程度上帮助他克服情绪低落。

可见，饮食结构合理，你就会有更加稳定的情绪、更加乐观的心态、更多的自信。

心理学家建议，情绪不佳、缺乏自信时，应好好地睡上一觉、美美地吃一顿，呼吸新鲜的空气，轻松一下。这时再去做决定，质量一定大有差别。因为当你身体状态良好，精神旺盛，你看事物的眼光会很不同。

要想经常保持良好的身体状态，还需要我们平日注重锻炼。锻炼不仅使我们拥有一个健康的体魄，还使我们拥有健美的身材，这会影响到我们的自信。试想，如果你身体孱弱，别人一打就倒，或者你做事情很容易疲劳，或者你身材臃肿、难看，是否会降低自信呢？

所以，我们要通过体育锻炼增强体质，塑造体型，不仅使自己充满活力，而且看起来体态优美。

俗话说“生命在于运动”。体育锻炼可以增强人的体质，提高人的免疫能力，促进大脑运转，使我们更好地工作和学习。每天做半个小时以上的运动，就可以使自己保持充足的活力。运动的种类有很多，比如爬楼梯、走路、做健身操、骑车、游泳、太极拳等都可以。运动之后再洗个热水澡效果更佳。

总之，要想拥有良好的心态，我们就不能忽视我们的身体状态。注意给自己全面的营养、充足的睡眠、坚持体育锻炼，那么良好的生理、心理状况会使我们产生幸福感，进而产生更多的自信。

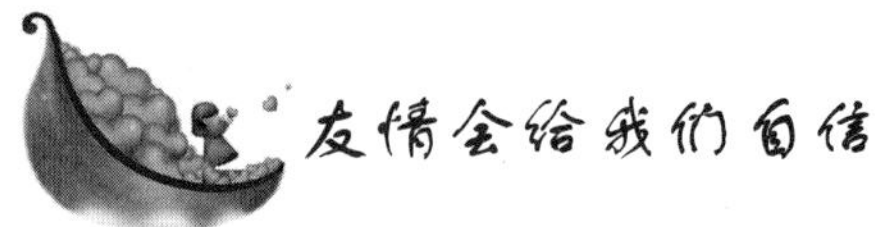

友情会给我们自信

有位哲人说：两个人分担一份痛苦，就只有半个痛苦：两个人分享一份快乐，则有两份快乐。

当你陷入困境，困窘急迫之时，忽然得到朋友的真诚帮助，即使只是平常的一句安慰、鼓励，你的心情会怎样？——是否会感到心灵得到了一种快慰的释放，觉得一股暖流从心底升起，于是充满信心，浑身是劲？当你获得成功，欣喜万分时，若得到朋友的真心祝福时，你的心情又会怎样？——是否感觉幸福，并且增强自信？

充满了友情的人生才是充盈的，有意义的。事实证明，拥有真正的友情的人，要比缺少友情的人对生活有更加乐观的态度，对自己有更强的信心。

推心置腹的朋友能给你安慰、大胆说话的机会、锻炼你的场合，让你不怕任何人，敢于表达自己的意见或建议。朋友能让你远离孤独，融入社会而获得快乐。

朋友是你成功的助推器。一个和你有类似的想法、理解你的志愿、知道你的长处和短处的朋友，鼓励你把全副精力投入正当的事业，打消你的歪念头，会大大增加你的勇气，并使你下定非要成功不可的决心。

好朋友可以陶冶我们的性情，提升我们的人格，让我们在各方面得到帮助。还会让我们认识更多有益的朋友，在社会上，他们随时帮助我们、提拔我们，让本来紧闭的大门为我们打开。无论对于我们的生意、我们的职业，他们都诚心诚意地到处替我们宣传，告诉他们的朋友：我们最近出了什么书；我们的外科手术很高明；或者我们对于某种病能医治得很好，药也下得很准；或者告诉他们，我们是很有本领的律师，新近又赢得一场官司；或者我们有许多聪明的发明。

一个商人，遇到经济上的困难或很大的变故，正在万分危急、一筹莫展的时候，忽然有个朋友前来帮助他，拯救他，挽回了颓势，使他重新振作起来，这种朋友是多么感人、多么可贵啊！

伦敦有一家报馆，有一次悬赏征求对于“朋友”两个字的解释。有一个参加竞赛的人解释说：“尽管世人都疏远了我，而他仍在我身边，这就是朋友。”

拥有真正的朋友，我们会知道有人认可自己、喜欢自己，我们会知道当困难时会有人帮助我们，我们会在心情低落的时候得到一双倾听的耳朵，从而调整心情、重新出发……总之，友情会给我们自信。

那么，我们该怎样获得美好的、真正的友谊呢？

要想赢得友谊，我们本身必须有种种可爱的品德。自私小气嫉妒、不乐于成人之美、不喜闻人之誉的人，很难获得朋友。要想赢得友谊，下面的方法将对你有所启迪：

第一，对他人感兴趣。已故维也纳著名心理学家亚佛亚德勒写过一本叫做《人生对你的意义》的书，在书中他说：“不对别人感兴趣的人，别人也不会对他感兴趣。所有人类的失败，都出自于这种人。”

你对他人的生活必须是真正地感兴趣，否则你是无法牢牢地将他们吸引到自己身边的。显示对别人你的兴趣，不但可以让你交到许多朋友，更可以增加别人对你的信任。

第二，对别人表现出真诚的关切。在人际交往时，要表示你的关切，必须是诚挚的。

第三，有吸引人的性格。深厚的友谊是建立在开朗、大度、友好天性的基础之上的。没有任何东西能够比宽宏大量、襟怀开阔以及发自心灵深处的友善和乐于助人，更能够吸引别人。

真正的友谊无法建立在虚伪或欺骗的基础之上。那些志不同道不合的人是永远无法走到一起的。友谊在很大程度上是依靠尊重来支撑的。如果你想让别人喜欢你，那么你的身上就必须具备某些闪光的东西、某些可爱的东西、某些可以令他人怦然心动的东西。

许多人之所以无法拥有真正的友谊，是因为他们身上不具备那种能够从他人身上汲取高贵品质的能力。如果你的个性严酷无情、毫不宽容，如果你缺乏开阔的心胸和真挚的热诚，目光短浅、刚愎自用，如果你没有同情心，卑劣而吝啬，那么，你根本不可能交到真正的朋友。乐观开朗的性情，渴望散播欢乐和笑声的良好意愿，再加上乐于帮助任何一个你接触到的人的品性，这些都是友谊的基础。

帮助别人，你会感觉更自信

通过对人类行为的观察，专家们发现：缺乏自尊心的人往往以自我为中心，过分关注自己的想法和行为。他们不会问："我能为您效劳吗?"而是问："你觉得我怎么样?"这种人总是试图从外部寻找一种个人价值的肯定。

人无论在什么样的环境下，都无法独自存活。心理学家告诉我们，帮助别人会使我们认识到自己是有能力、有价值的，是被别人需要的，因此会给自己一种自信。帮助别人是对自我价值的一种肯定。

帮助别人就是付出，给别人给自己都能带来快乐。如果你正遭受着挫折，去帮助那些更需要帮助的人，哪怕是付出自己一点点的力量，之后你会发现你更有勇气去面对挫折了。

帮助别人从来就不是单向的，助人就是助己，生存就是共存。当今社会，竞争激烈，社会分工越细，每个人对他人的依存度就越高，所以需要的是能够互相帮助，以求共存。

我们都知道，2008 年的北京奥运会需要许多志愿者提供服务。志愿者没有报酬，但是仍然有许多人报名参加。一位志愿者说："可能每个还未成为志愿者的人都憧憬着对方巨大的改变，或是感动人心的画面，但只有经历过志愿服务的人才知道，大多数志愿服务都是小事。志愿服务改变的是自己，让自己的心态更平和，让自己更有责任感。”

很多时候帮助别人并不能得到现成的回报，但当你帮助别人的时候，你自己会获得一种心灵上的满足感、欣慰感、成就感。这是一种无形的回报，让你更有勇气去面对生活中的困难，让你更热爱生活。

你是否有过没有帮助别人而感到后悔的事情？

让我们看看刘先生的经历：

“读书时，晚上在校门口遇见一个衣着朴素但整洁的中年男子，问我要两块钱车费，说他钱包丢了回不了郊区家里。我当时怀疑他是否骗人而没给。回宿舍的路上我越想越自责。如果他说的真的，那就叵测地误会了一个需要帮助的人了。后来我就转回到校门口，但他已经不在那了，大概已经坐上了回家的车。”

试想，即使被骗，也只是两元钱，而帮助了别人，给别人解了燃眉之急，我们一定会有一种满足感洋溢在心中。

再看王先生的经历：

“遇到能帮上忙却因为难为情或缺少勇气而没有实际动手帮忙，一段时间心里像有疙瘩一样不舒服。不过自从出去旅行经常遇到好心人帮忙以后，我就基本把这个问题解决了。因为想想，帮个忙对我们来说不费什么力气，却可以让对方完成可能有困难的事，他一定会很高兴（就像我们被人帮忙很高兴一样）。大家都很高兴，世界就都高兴了。这样的小事很多，有一次我没有帮上忙至今还耿耿于怀，就是看到一个穿着体面的人后背很多白灰，想告诉他却一直没勇气说。要是再有机会我一定跟他说。”

错过了帮助别人的机会让我们难受，因为帮助别人本可以给我们很好的感觉。帮助了别人，既对人有益，也对自己有益。这可以使我们觉得自己是个好人，并且提升自己的自尊、自信。请不要再错过帮助别人的机会，尽自己所能去帮助别人吧。

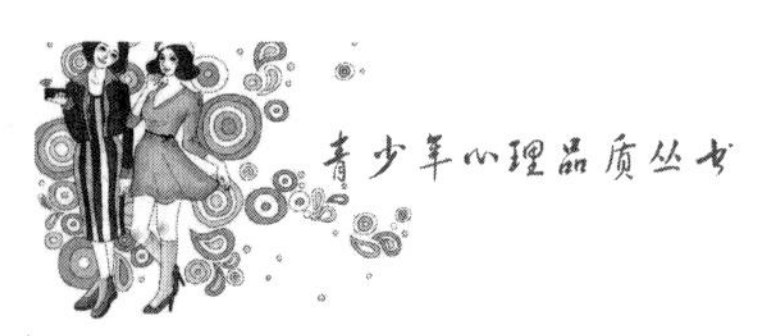

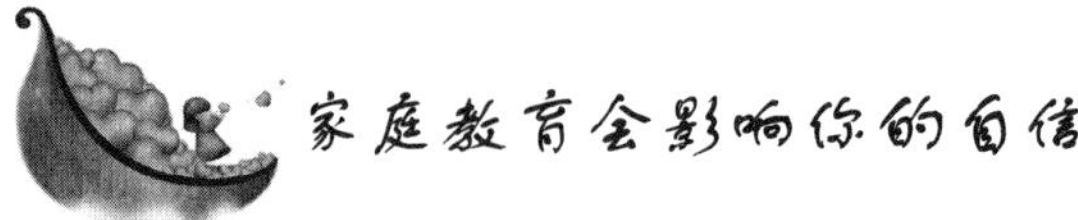

家庭教育会影响你的自信

还是小孩子的时候，我们就受到身边的成年人的影响。那时，我们依靠成年人，从他们那里学习怎样看自己，怎样看世界。假使和你一起生活的成年人非常不快乐。常常恐惧、内疚、愤怒，你便会不知不觉地学到很多这种消极的处世态度，失去自信。

失去自信的孩子常常这样想："我做什么事都不会成功"、"这完全是我的错"、"我愤怒，我是一个坏人。"即使在我们慢慢地长大成人以后，我们也还会不自觉地重复小时候所受的影响，难以摆脱。

比如下面几位主人公就是如此。

赵先生总是觉得"我不够好"。

那"我不够好"的想法又是从哪里来的呢？原来是从他父亲那里来的——他父亲常常说他很蠢。他也曾希望事业成功，可是，他对自己没有信心。没有信心使他充满怨恨，在事业上一次又一次地失败。他的父亲一再支持他，给他一笔又一笔的钱，想使他转败为胜，但他都无法成功。原来他在潜意识里，因为憎恨父亲常说他蠢，所以便不知不觉他用事业失败来向父亲报复，使他损失金钱。结果，受损害最大的当然是他自己。

李小姐认为生命充满危险。

她这种意念是从哪里来的？她觉得四周都非常冷酷，别人都非常苛刻。她甚至不会欢笑，因为每当她偶然欢笑的时候，她便会感到恐惧，以为"坏事"即将会发生。因为她从小便听到父亲不断地警告她说："不要太开心，因为当你太开心的时候，便会疏于防备一切，引致别人乘机害你。"她听信父亲的话，失去欢乐，所以在她的生命中，不断发生问题。

刘先生也总是觉得"我不够好。"

这种想法从哪里来的呢？这是因为他从小就被舍弃和忽视。他的母亲在他很年幼的时候便去世了，他是由一个姑母养大的。他的这位姑母很少说话，一开口必定是对他一顿训斥。他在寂静中长大，有时在屋中甚至一连几天都默不做声。后来他有了一位爱人，但他这位爱人竟也是一个非常沉默的女子，他们两人在一起的时候常常彼此一言不发。

这种种情形十分普遍。但是任何人都不必责怪自己的养育者。因为他们也曾是同样的受害者，他们不知道怎样才能自信，当然也不可能教给我们怎样自信。

在童年时期，我们觉得父母是我们的精神指导，但是成年以后。我们会发现他们的许多观点是不对的。这样，我们就应该果断地抛弃这些错误的观点，凭借自己的思考能力，树立属于自己的人生观、价值观和做事方法。

第七章　修炼内功，不断提升自信水平

心理学家告诉我们，这种对自身不合理的评价是思维“过分概括化”的表现。“概括化”就是以偏概全、以一概十的不合理的思维方式。

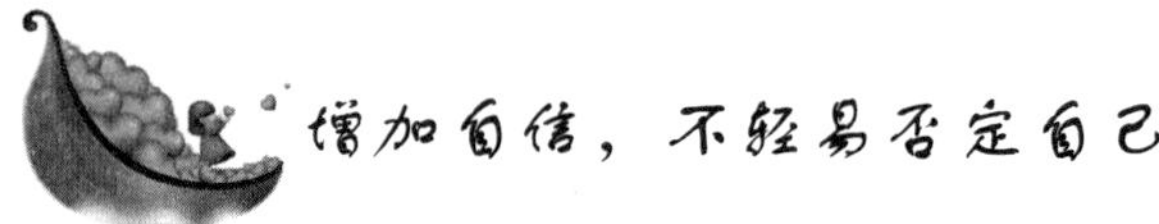

增加自信，不轻易否定自己

一些人面对失败或是极坏的结果时，会认为自己“一无是处”、“一钱不值”、是“废物”等，就是以自己做的某一件或某几件事的结果来评价自己整个人，评价自己作为人的价值，以致自责、自卑、自弃心理，以及焦虑和抑郁的情绪。这种思维倾向，会严重打击我们的自信心，使我们因为一两次的失败就一蹶不振。

心理学家告诉我们，这种对自身不合理的评价是思维“过分概括化”的表现。“概括化”就是以偏概全、以一概十的不合理的思维方式。

心理学家认为，“过分概括化”是不合逻辑的，就好像以一本书的封面来判定一本书的好坏一样。可以说，以一件事的成败来评价整个人，是一种心理上的“法西斯主义”。其实一个人的价值是不能以某一次他做得怎么样或某一个阶段的成绩来评价的。

IBM 公司有一个非常优秀的经理。因为他无意中的一个错误，公司亏损了 1000 万。他非常痛心，主动提出辞职。

然而董事长对这个经理说，“我们公司拿了 1000 万去培养你，让你成为一个优秀人才，刚刚把 1000 万的培训费花掉，现在就想走，简直是太不负责任了。”

董事长没有因为这个经理的一次错误而否定他的全部，这一次错了，不能抹杀他过去的成绩，下一次他还可能做对。就是说，我们评价一个人要全面，不能只看局部的、暂时的表现。遗憾的是，许多人对自己经常使用这种概括化的评价方法。

如果你有这样的思想倾向，比如老是埋怨自己“我非常没有耐心”，那么请你问问自己：“我今天早上刷牙了吗?”你可能会说，“我当然刷牙了，可是谁会不刷牙就出来呢?”那么你可以继续问自己：“我昨天刷牙了吗？前天呢?”你大概会回答：“我都坚持 10 多

年了。”想一想，你可以把刷牙这么琐碎的事情坚持这么久，难道不说明你很有耐心么？

当你某件事没有做成功时，不要贸然地对自己下一个负面的结论。你要从反面来向自己提问：自己是否一贯如此？这次事件是否说明你的本性如此，无法改变？

要知道，任何能力都需要付出相当的时间去培养，才能够具备。一时失利并不表明我们完全不具有这种潜质，只是暂时努力得还不够。而且，人本来就是很容易犯错的，不仅我们自己如此，任何人都是如此。因为一次两次的错误，就对自己一棒子打死，是以偏概全，不符合实际的。

在社会心理学领域，有一个归因理论，是用来说明和推论人们行为的因果关系的。

我们对于事情的结果，一般可作出四种归因：一是能力高低；二是努力程度；三是运气机会；四是任务难度。心理学家认为，对于自己行为的因果关系的分析推论，会直接影响和决定以后的行为。

如果工作的失败和挫折，被归因于自己能力差、智商低、任务难等内外原因中的稳定因素，认为改变这些稳定因素很困难，就容易使自己对今后失去信心，难以做出坚定的努力，那么下一次成功的可能性就变小。

如果工作的失败和挫折，被归因于自己的努力不够、马虎大意等不稳定因素，认为这些因素都是暂时的，能够被改变，自己就会在今后的工作中接受教训，增强成功信心，坚定信念，那么下一次成功的可能性就变大。

在面对失败时，我们要谨慎归因，寻找外部原因中的不稳定因素，并积极改造这些不稳定因素，使之向好的方向发展。如此，我们的自信就会增加，也会给下次成功带来勇气和力量。

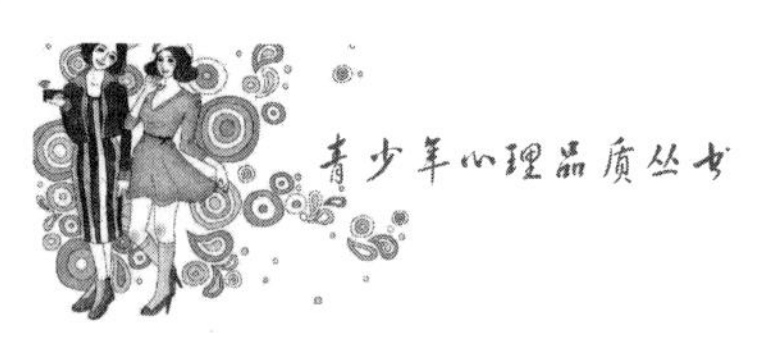

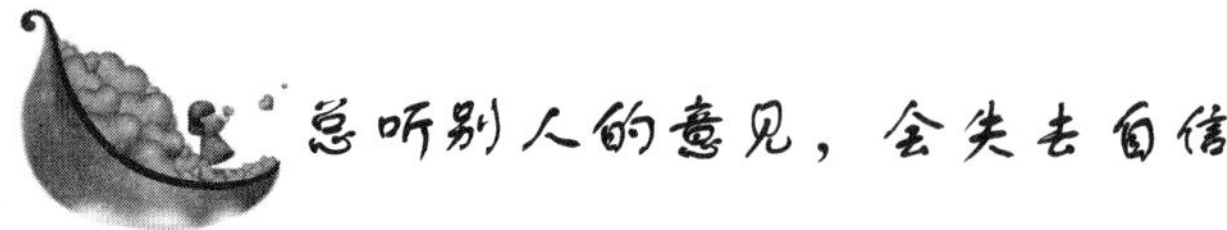

总听别人的意见，会失去自信

一个星期没有打电话回家了，吃完晚饭后，李健拨通了家里的电话。

“爸，我想和你说件事，我想听听你的想法。”每当到李健拿不定主意的时候，总是想听听父亲的想法。他觉得，天底下唯一不会骗他的，就是自己的父母了。

“公司要改制，改成股份制，公司倡导我们积极参加入股，我想听听你的想法。这对我来说，是一个机遇。”李健说完以后，父亲叹了一口气。

“你跟我说公司改制的事情呀，我不懂，要说是庄稼里的事，还行。你自己的生活，还是你自己做决定吧，你现在也是孩子他爸了，你觉得是对的，就去做吧。只要你在做决定时，多为你的孩子想想就行了。”父亲说完后，就叫孙子来听电话了。

李健猛然间有所醒悟一是啊，自己的生活，还是应该自己做决定！他想想自己都三十岁了，今后的生活，要靠自己去创造。最后，他根据自己的情况反复思考后，做出了决定。

依赖，是每个人成长过程中必须经过的一个阶段。每个人都曾依赖父母或其他长辈的抚育、教导和保护，在这过程中逐渐成长，自我功能及体力逐渐增加，然后便要开始学习独立。

成年后，如果我们仍旧依赖别人，就会丧失自谋生计的能力，一旦离开了过去所依赖的“靠山”，人生的支柱就会倒塌。摆脱一份依赖，就多了一份自主，也就向自由的生活迈进了一些，就会更加自信。

有些人由于依赖性强，好像不在自己意志之下生活，而是在别人给他划定的范围里面兜圈子。不幸的是，别人的意见又总是不一致：张三认为应该向东，李四认为应该向西，赵五认为应该向南，王六认为应该向北。于是，时常顾虑“别人怎样说”的人，就只好在不知究竟怎样才好的为难紧张中团团转，总也走不出一条路来。

凡事都依赖别人，就没有机会提高自己的思考力、判断力。不能够自主、自觉的话，当然也谈不上什么自信了。

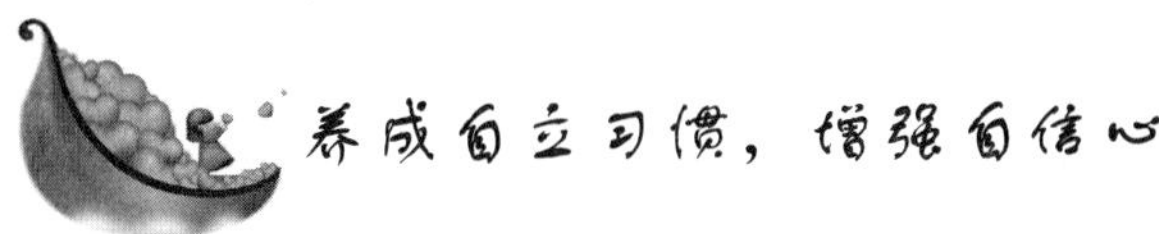

养成自立习惯，增强自信心

养成自立的习惯，增强自信心，要从生活中的点滴小事着手。

衣服脏了自己动手洗，肚子饿了自己动手做饭，不要事事让家人代劳。恋爱结婚，添置必需的家具用品也是应该的，但不必由父母包办一切。

要知道，只有通过自己的劳动挣来的钱花起来心里才舒服，才会激发自己的劳动热情；靠自己创造的财富，才能使自己成为财富的主人，而不被财富所奴役。人们只有靠自己才能适应社会要求，只能依靠自己的真才实学才能使自己的精神充实。有事尽量依靠自己解决，能不断激发自身的潜力，并且通过一次次的成功，不断提升自信水平。

生活中遇到各种各样的矛盾，发生种种不顺心的事，也不要急于求助别人，先试试自己有没有信心去克服、去解决。如果克服了、解决了，你就会有攻克难关、如登山运动员征服高峰般的欣喜感，就会逐渐树立自信心。

我们在做决定的时候，最好是依靠自己的判断。这样可以锻炼我们的思维能力和果断的性格，并且在不断地靠自己取得成功的过程中，我们会越来越自信。

不要总是请求别人给你意见。如果你是个优柔寡断的人，你身旁一定有一堆朋友随时等着你向他们请教。买东西时，比如衣服或家具，别再百分百地听从你的母亲、姊妹或朋友等你认为在这方面很讲究的人，宁可出错，也要自己做决定。

我们并不是说，一个人应该独断独行，不顾是非黑白：而是说，我们在听取别人的意见之后，一定要经过自己的认定和理解。我们应该有主见，用足够的理智去认清事实，在决定方向之后，不再受别人意见左右。

就好像身上的肌肉，越用越强壮，你做的决定越多，做决定的能力就会越强，就越能做出好的决定。

我们还要从所做的决定中学习。有些时候不管人考虑得多周到，总难免会有意外发生，这时可别为所做的决定懊恼。这样的“失败”往往对你是件好事，应从中吸取教训。

总之，我们应该在不断地做决定中，提高自己的判断力，同时提高自己的自信。

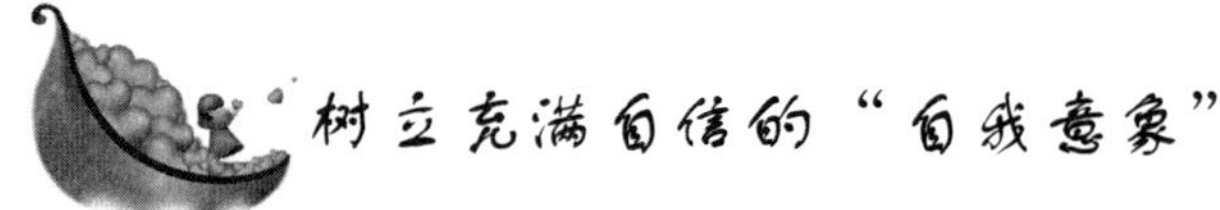

树立充满自信的“自我意象”

无论你是否认识到，每个人的内心都有一幅描绘自己的精神蓝图，这叫做“自我意象”。对我们的意识来说，这幅图可能模糊不清，朦朦胧胧，不甚分明。这个自我意象，就是我们自己对“我是什么样的人”的看法。

这些对自己的看法，大多是根据我们过去的经历、我们的成与败、我们的荣与辱以及别人对我们的反应（尤其是童年时代的早期经历），无意识地形成的。根据这些看法，我们在心里构建了一个“自我”，并按照它去行动。

因此，自我意象会控制你能做哪些事、不能做哪些事。比如一个人如果在内心深处确认自己是个“乐善好施者”，那么他可能会参与义务献血；一个人认为自己是个普通人，他就不会去干一番轰轰烈烈的事业。

如果你的自我意象是一个自信的人，你就能在自导自演的“录像”上看到一个充满自信、不断进取、敢于经受挫折和承受强大压力的自我。你能听到“我做得很好，而我以后还会做得更好”之类激励的话，体验到自信和卓越。

如果你的自我意象是一个不自信的人，你就会不断地在自导自演的“录像”上看到一个垂头丧气、难当大任的自我。听到的是“我很笨”、“我可能要失败”之类的丧气话，体验到的就是自卑、沮丧与无奈。

在美国，有一个销售员把自己的目标设定在一年挣 5 万或 6 万美元。这个销售员遇到了一个好年景，在 9 月底就实现了 5 万美元的目标。结果突然间，他的销售就处于停滞状态。在这一年后来的时间里，他再也没有卖出任何东西。他似乎再也调动不起自己的积极性了，无论市场多么喜欢他的产品。就这样，他无所事事直到 12 月 31 日。然后，在新一年的 1 月 1 日，他又像一匹赛马似的冲出大门，重新开始销售产品了。

在这个例子中，这个销售员确定的目标和他的能力相比太低了，结果达到了这个低目标后，他就停下来了，没有发挥出他本来拥有的潜能。

这是因为，在他的“自我意象”中，他认为自己是一个一年中只能挣 5 ~6 万美元的销售员。其实，他的“自我意象”并没有反映他的真实情况。

要想追求到令你满意的生活，就必须有一个适当的、切合实际的自我意象。

心理学家告诉我们，人的自我意象是可以改变的。

美国女孩苏珊觉得自己从小就是胆小鬼，从不敢参加体育活动，生怕受伤。但是有一次她看到电视上采访高空跳伞的人以后，对这种运动产生了浓厚的兴趣。她开始从内心深处驱除胆小鬼的信念，把自己想象为勇敢的高空跳伞者，并且战战兢兢地跳了一回伞，结果朋友们对她的看法变了，认为她是一个活力充沛、喜欢冒险的人。

其实，她内心仍以为自己是胆小鬼，只不过比从前有了一些进步而已。后来，又有一次跳伞的机会，她就视之为改变自我意象的好机会，心里也从“想冒险”向敢冒险转变。当飞机升到 1500 米的高度时，她发现那些从未跳过伞的同伴们的样子很有趣——他们一个个都极力使自己镇定下来，故作高兴地控制内心的恐惧，她心想："以前我就是这样子吧！"刹那间，她觉得自己变了。她第一个跳出机舱，从那一刻起，她觉得自己成了另外一个人。

苏珊改变的主要原因，在于内心自我意象的转变。她一点一滴地淡化掉旧的自我意象，最终，从一个胆小鬼变成一位敢于冒险、有能力并且要去体验人生的新女性。她的这一变化，也影响了她后来生活中的每一件事，包括她的家庭及她的成功。

如果你在头脑中想象一幅你想看到的自我的画面，而且"看着"自己在扮演某个新角色，那么，这一创造机制也能帮助你实现最好的自我。

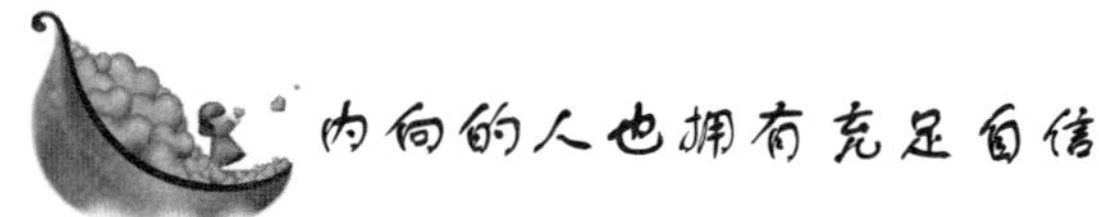

内向的人也拥有充足自信

有一些人一提起性格"内向"的人就皱眉头，而许多性格内向的人，也常常为此而苦恼，认为自己缺乏适应环境的能力，唯恐自己会被环境所淘汰。但是情况真的是这样吗?

"性格内向"和"性格外向"的概念，最初是由瑞士心理学家荣格提出的。他认为，人们来自本能的力量可以称为力比多。如果某人的力比多活动倾向于外部世界，那么，他就是外向的人；相反，如果某人的力比多活动倾向于内心世界，那么，他就是内向的人。

性格内向的人重视自己的内心世界，他们好沉思，善内省；而性格外向的人重视外部世界，他们喜爱与人交往，对周围的一切很感兴趣。所以说，性格内向与性格外向之间最为根本的不同，在于其本能的力量是倾向于外部世界还是倾向于内心世界。而且，正因为外向或内向的性格与"本能的力量"都有着紧密的联系，它们均有其固有的生理基础。所以，在人的一生中，内向性与外向性是非常稳定的。我们每一个人都要接受自己的性格倾向，正如我们要接受自己的“黑眼睛、黑头发、黄皮肤”一样。

现实中。许多人对性格内向的人存有偏见，认为他们不善交往，甚至容易有心理问题。其实这是一种误解。

性格内向的人并不孤僻，他们只是喜爱探索自己的内心世界，喜爱思考问题。他们在思考中感到充实，在思考后可以侃侃而谈，可以做出非凡的成绩；他们也喜爱与人交往，但他们注意选择交往的对象，不会无谓地浪费时间，不愿意在闲谈中浪费精力。

有许多著名的人物都是性格内向的，如美国总统林肯、发明家爱迪生、篮球名人乔丹、软件业领军人物比尔·盖茨等。想想这些著名的人物，你能说性格内向的人很孤僻吗？能说性格内向没有好处吗？

诚然，在某些情况下，例如，应征工作、拓展业务、开展公共关系工作等，需要一些性格“外向”的人，但这并非指每一个人都必须如此才可以表现才能，才可以对群体对社会有益。其实，在群体中为了实现优势互补，往往还尤其需要性格内向的人呢！

性格内向的人有很多显著的优势，这些优势可以帮助他们在生活、学习中获得成功。对具体的个人来说，优势的表现不同，但在大多数情况下，性格内向的人具有共同的表现，如：善于思考，对问题体验深刻、钻研深入；能高度集中注意力；富于创造性，富于想象；认真负责，承诺要做的事情就会去做；善于观察，对刺激的反应比较灵敏：善于倾听（这在人际交往中显然很重要）；与朋友有深入、持久的友好关系；勇于做出重大的决定等。

事实上，内向是一种可喜的内省性格。内向之人往往有一种优美的气质，有一种更深层次的思考与认知能力。而且，它也可说是一个人的情感比较内敛，有形成高雅风度的一种内在的力量，可以减少人与人之间尖锐的对立，使“真情实感”有机会出现。内向，是对自己内在生命的一种省察，和对外界人与事物的一种敏锐的感应。内向者时常具有“旁观者清”的洞察力。

请考察一下自己，是否具有上述优秀的品质呢？

可以说，“成功”二字并非仅局限于某种性格类型。世界上有一部分事情是需要外向性格的人去争取、去突破和完成的：而有一部分事情也需要性格较内向的人来做，他们往往会做得更加深入而恒久。在一个较优秀的团队里，总是具备各种类型的人才及各种性格的人，以实现极为自然的优势互补，最终服务于团队目标。

如果有人说你是一个内向的人，请不要害怕，勇敢地承认它吧。你可以想一想，是什么原因让你那么害怕承认自己内向：是你敬爱的亲人不喜欢性格内向，还是因为你羡慕某位很外向的朋友？想清楚其中的原因，可以帮助你开始正确面对内向的性格。

每一个人的情感和行为取决于其认识。如果你对性格内向有了正确的认识，你能够认识到性格内向与性格外向一样有其特有的优势，有其存在的价值，你就能更好地悦纳内向的性格，并且拥有充足的自信。

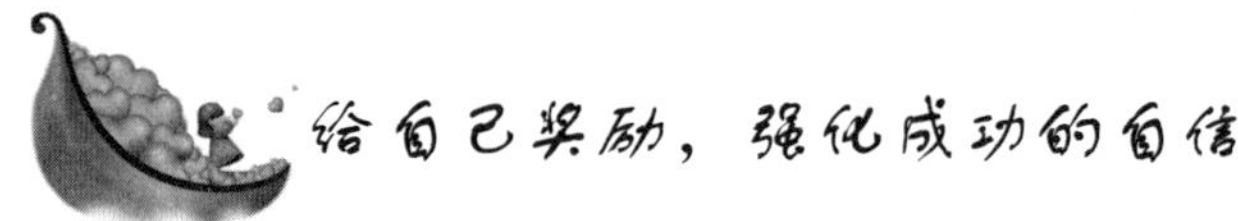

给自己奖励，强化成功的自信

假如你看到体重达8600公斤的大鲸鱼跃出水面6.6米，并为你表演各种动作，你一定会大声惊叹，视之为奇迹。

这条鲸鱼的训练师告诉我们，其中的秘密在于：在开始时他们先把绳子放在水面下，使鲸鱼不得不从绳子上方通过。而鲸鱼每次经过绳子上方就会得到奖励——有鱼吃，有人拍拍它并和它玩——训练师以此对这条鲸鱼表示鼓励；当鲸鱼从绳子上方通过的次数逐渐多于从下方经过的次数时，训练师就会把绳子提高，不过提高的速度必须很慢，不至于让鲸鱼因为过多的失败而沮丧。

无疑是鼓励的力量，使得这条鲸鱼飞跃过了惊人的高度，并载入吉尼斯世界纪录。

对一条鲸鱼如此，对于聪明的人类来说更是这样。鼓励、赞赏和肯定，会使一个人的潜能得到最大程度的发挥。

可事实上许多人做的却与训练师相反：他们起初就怀着期盼，

定出相当的高度，一旦达不到目标，就大感失望。所以我们常常看到：上司对下属的不满和惩罚，教师对学生的严厉批评和叱责，望子成龙的父母对孩子的埋怨和训斥……

从鲸鱼的训练中，我们得到的启发是：不管我们的期望值多高，最好给手中的“绳子”定个适当的高度，每看到一个进步，就及时予以鼓励和肯定，从而奠定信心，而不被失望、沮丧的情绪所笼罩。因为及时奖赏，会使人产生巨大的动力。

这种奖赏即使不是由别人给予，而是我们自己给予我们的，同样具有提升动力的效力。

只要有不错的表现，就应奖赏自己，每天抽出一点时间来，感谢自己，而且要为自己做一些好事。这样可以给予自己更大的动力和信心。对于缺乏自信的人来说，这种做法尤其必要。

那么该怎么注意到自己的优点并鼓励自己呢？你可以在你完成一些事情之后，问自己：“这个事情我做得怎样？”如果你心里的感觉是“不错”、“蛮好”，就应该奖赏自己。

怎么奖赏呢？你可以花钱去买一个自己想要的东西，如冰淇淋，跑鞋、书、运动服；你也可以去吃一顿高级餐厅的晚餐，去看一场你想看的电影，做一次按摩或修一次指甲、做一次美容。只要你感觉高兴就好。

要注意的是，给自己奖励的东西不要太平常。比如，你平时也会去吃牛肉面，那么吃牛肉面就不是一种奖励。你应该自己享受一点平时舍不得享受的东西，这样才会有奖励的效果。

当你享受自己努力的成果时，可以在心里告诉自己：“因为我做得很好，所以我可以享受这个成果。”也可以不断地对自己说：“我真的做得很好！这是一次成功的经验。”如果你经常这么做，会渐渐发现自己很有动力去做事，因为做得好就有奖赏，当然就愿意努力！

奖励自己，因为是百分之百个人的行为，没有了那么多的约束和顾虑。心情到了，兴致来了，就奖励自己一下。不管形式，也不计较内容，奖得自得其乐。奖励自己，说白了就是给自己鼓劲、加油，给自己找乐子。

我们多数都是平凡人，而且人生道路不可能一帆风顺，总有曲折和坎坷相伴。这一生中，能够得到别人奖励的机会能有多少？天天能得到别人奖励的人又有多少？可是我们的心灵却需要经常受到鼓励的滋润。心灵如果没有了激励和赏识，就会寸草不生，成为荒漠。

既然如此，就别老指望别人来奖励你。找一片绿荫小憩一会儿，自己斟上一杯浓茶，跑到商店买一件时髦的衣服，或到山顶上吼上一嗓子。奖励一下自己，放松一阵子，不也是一种不错的人生享受吗？

奖励自己，是人生驿站上的一道美丽的风景，是人生路上的“加油站”，是心脏“起搏器”。对取得的成就表示肯定，再回头看看你付出的那些艰苦努力，对它们作个交代至关重要，因为这会使你在追求目标时的心态更好，并激励你自信满满。

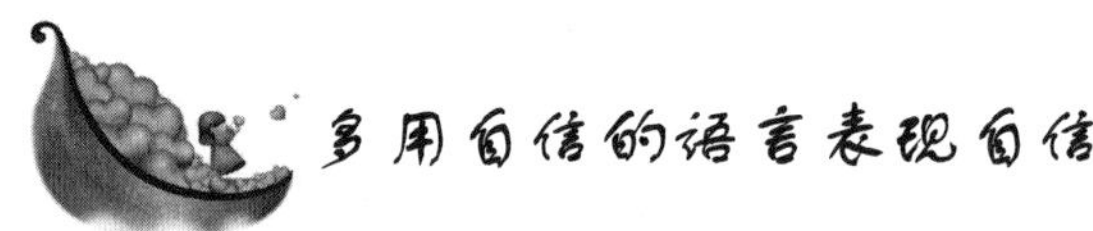

多用自信的语言表现自信

不同的语言给我们造成了不同的感觉。带负面印象的字眼常常会造成自卑感，说出这样的词语是有百害而无一利的。

《物性论》一书的作者，罗马诗人卢克莱修曾劝人们说：“为黑皮肤而烦恼的女子，要赞美自己的肌肤如褐色果仁一般美丽。”对着镜子不停地跟自己说：“我的皮肤像果仁一样漂亮！”你就不会在意皮肤黑不黑了，怎么看都会觉得很漂亮。

另外，卢克莱修还建议人们把“瘦得皮包骨头”说成“羚羊”，把“唠叨”说成“雄辩的火炬”，把“轻浮”说成“大自然的惊异”等。

表达同样的事实，用肯定的说法还是用否定的说法，效果会有天壤之别。语言的魔力是任何魔术师都无法匹敌。无论处在多么不利的状况下，只要常用肯定的措辞或叙述，就可以使事情完全改观，使人消除自卑感，享受愉快的生活。

我家不远有一家马路菜场，许多人在那里卖西瓜。一些瓜贩子总在他的摊位前打出一块牌子，上面写着“包甜，否则退款”，价格比一些没有挂牌的瓜贩要贵。我发现有这牌子的摊位前面人特别多。我也是其中之一。我发现这些瓜并不比别的贩子的瓜甜，但我还是“义无反顾”地继续上当。

为什么自卖自夸的人容易成功呢？因为他们用肯定的方式使自己变得自信，并感染了他人。我们可以设想，如果这个瓜贩子写道“本瓜我也不知道甜不甜”，那么十个人会有九个扭头便走。因为他连自己都不能肯定，别人怎么会肯定呢？

在日常的谈话中，说者无心，却常常造成听者有意。如果处处用肯定的语气表达我们的想法，虽然有时会被误解为自高自大，但是一般给予人的印象是“有自信”、“有魄力”、“有主见”。相反，模棱两可、含糊不清的话语，虽说有时能收到左右逢源的效果，但更多的是使听者不耐烦，给人“缺乏自信”、“优柔寡断”、“性格懦弱”的印象。

说到底，用肯定的语气谈事情，可表现为人乐观、开朗的一面。而乐观、开朗的感觉则让人联想到其他更多的好印象，如“有进取心”，“有干劲”。像这样拥有这么多优点的人，谁不愿意与其交往呢？

有一份研究报告证明，使用“我很愿意”“我当然能”“我会为你转达的”等自信语言的办公室工作人员。要比使用“我只好这么做了”“我不知道是否……”“那不是我分内的事”的工作人员，自我感觉更好，有更多的精力。态度会使别人感到安心轻松。

的确，用词上的一个小小的变化，就会造成性格和信心方面的微妙变化。日常生活中处处都体现出这一点。假如爱人让你去倒垃圾，你也许勉强地说“好吧”；但是如果你说“好的，我马上就去。”而且去倒了，这给对方的感觉会有什么不同呢？还比如，有的人写信或发信息爱用感叹号，如“谢谢！”“期待着我们的合作！”等，可以使人感受到其积极、友好的态度，对他人有一定的感染力。

为了表现出更大的自信，我们一方面要尽量使用肯定的词语和语气，另一方面还要尽量避免使用给人模糊、不坚定感觉的词语。比如“反正”、“果然”、“到底”这几个字眼，就是我们应该小心使用的。

当工作和学习不顺利的时候，许多人会说：“我本来就认为自己反正都不行，果然不行。说到底还是怪我没本事。”开口就是“反正”、“果然”、“到底”这些字眼，其实是将“死了心”的心理状态正当化。

也许就因为说了这些字眼，事情才变得不顺了。我们可以把“反正”、“果然”、“到底”、“无奈”、“不得已”这一类词叫做“放弃努力词语”、“停止思考词语”。当你嘴里说出这些词的时候，就是在把失败正当化，你就画地为牢，再不能向外迈出一步了。

从自己的谈话和文章中，甚至是头脑里删除这一类剥夺干劲的词语。这样，你才更容易充满信心。

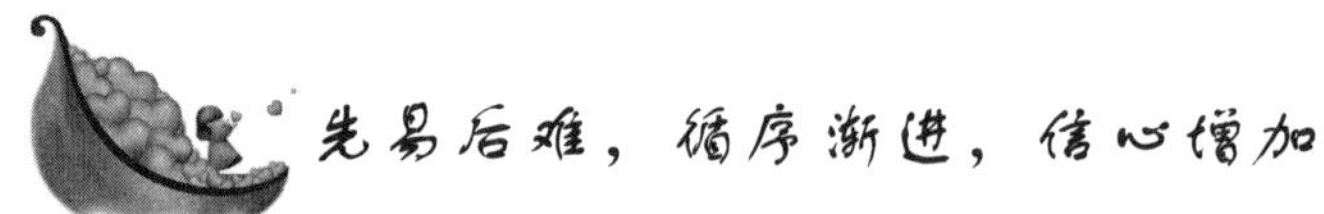

先易后难，循序渐进，信心增加

我们都说，人生必须有目标才有动力。但是目标是不是越大越好，越高越好呢？

心理学家发现，当一个人的抱负和愿望过高、压力过大时，会产生焦虑不安的情绪。因此，在制定目标的时候，目标如果过大过高，完成的可能性就变小；定目标的时候踌躇满志，兴奋至极，最后却常常成了泡影。

这个时候，有一个很好的办法，就是把这些大的目标进行分割，变成许多小目标，然后逐渐实施。每当一个小目标实现的时候，你就会有一种成功的体验，以及随之而来的自豪和快乐。而且，实现一个小目标所花的时间不会太长，相对来说也比较简单。最重要的是，小目标的完成会逐渐增加你的自信。

这个原理已经被心理学家的实验所证实。心理学家把一些从未割过麦子的学生分为两组，从麦地的边缘开始割麦子，并在麦地的中央插上红旗，作为目的地，看哪个组能先到达。在其中一组的前面，每隔三米就有一面绿旗，而另一组前面则没有。比赛结果正如心理学家所预料的：前一组获得了胜利。

这是为什么呢？因为人有这样一种心理特点：对于眼前的工作，如果不知道什么时候完成，就容易失去继续工作的欲望；相反，如果能清楚地知道什么时候能够完成，做事的信心就会增强，效率也会提高。前一组的目标被分成了若干个可望又可及的小目标，这样，每次完成小目标就是一个比较小的成功，会增加人的自信，随着小目标的不断完成，信心和效率也不断提高。

马拉松世界冠军山田本一就很精通这个心理规律。

1984 年，在东京国际马拉松邀请赛中，名不见经传的山田本一出人意料地夺得了世界冠军，后来他又屡次获得世界冠军。10 年后，他在他的自传中阐述了自己的方法："每次比赛之前，我都要乘车把比赛的线路仔细地看一遍，并把沿途比较醒目的标志画下来，比如：第一个标志是银行，第二个标志是一棵大树，第三个标志是一座红房子……这样一直画到赛程的终点。比赛开始后，我就以百米的速度奋力地向第一个目标冲去；等到达第一个目标后，我又以同样的速度向第二个目标冲去……40 多公里的赛程，就这样被我分解成这么几个小目标，轻松地跑完了。开始时，我不懂得这个道理，把我的目标定在 40 多公里外终点线上的那面旗帜上，结果我跑到十几公里时就疲惫不堪了——我被前面那段遥远的路程给吓倒了。"

长距离的马拉松，被山田本一在心理上分成了若干个比较短的路程，这样，心理压力就减轻了。每时每刻。心里想的只是怎样实现眼前的小目标，跑起来就更有信心，也更快了。

如果对一件事信心不足，我们可以先从容易的部分着手。先取得胜利，就会获得一定的自信，有利于我们去取得更难的部分的胜利。

曾经是美国政界盟主的共和党领袖汉纳初次登上政治舞台时，

还不知道如何面对公众演讲。这个青年虽然有政治活动的野心，却没有抛头露面的胆量：他简直不敢在人们面前开口。但是一个人连演讲都不会，又怎能担任政治领袖呢？

当他第一次面对公众演讲的时候，那种茫然和紧张令他难受万分，但是却无法逃脱。他面对着群众，脸色发白，膝盖战抖，他的妻子也在一旁替他干着急，担心他随时会昏倒。

但是后来他用了一种很聪明的方法，变成一个极为出色的演讲者。他知道自己不能靠紧咬着牙根、强迫自己的方式去完成一长篇演讲，聪明的他就从慢慢地培养自己的自信心入手。那么他是怎么做的呢？

他决定在做第一次政治巡回演讲的时候，起初只做一些很短的演说，这样他就不至于太紧张，从而能够尽量轻松地表达自己的想法。

无疑，这一方法是可行的。这些小小的成功增强了他的信心。到这次巡回演讲将近结束时，他已经可以连续讲半小时，而不觉得很吃力了。

后来，公共演讲成了汉纳非常擅长的一种工作，也成了他娱乐的源泉。“对他来说，在办公室里‘关’了一段时期之后，再到外面做一个星期的巡回演讲，实在是再好不过的娱乐和休息了。”

先从容易的事情做起，让一次次的小成功增强自己的自信，由此，汉纳养成了一种成功的习惯。有了能够把一件小事做好的信心，以后，对于一些大事也就能够慢慢地做好了。

可见，先做好容易的事情，会增加我们的信心，再去做好更难的事情。比如在考场上，我们乍看试卷，一道题也不会，可能视线模糊、心脏剧跳、呼吸急促、坐立不安，这样只能坏事。这时最好是推开试卷，通过自我暗示来调整呼吸，进而稳定情绪，然后抓住易做的、有把握的题，迅速“解决”一两个。这时再把试题从头看起，就会发现，它们一个个由“陌生”而“熟悉”，就能慢慢做出来了。

我们要牢记：先易后难，循序渐进，把容易的事情做好，给自

己添加成就感与快乐，就像堆积木一样，信心逐渐增加，最后每件事都能做得好。

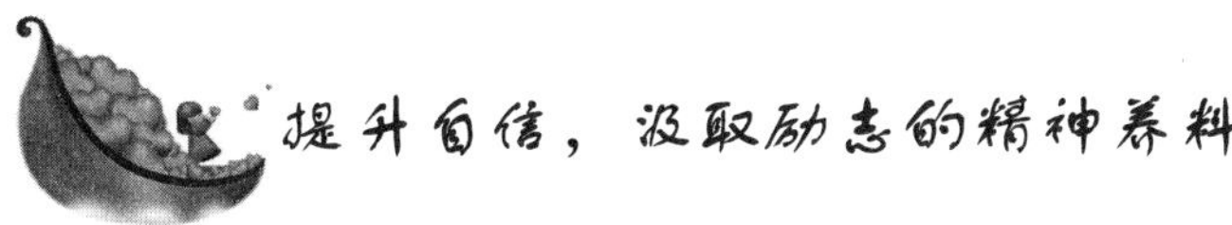

提升自信，汲取励志的精神养料

日本“经营之圣”稻盛和夫在12岁时，得了一场重病，几乎性命不保。这样一种对死亡即将来临的体验，对他的冲击很大。

幸运的是，当他的病情稍微有些好转时，一位邻居给他送来一本名为《生命之实相》的书。其中的一些话，立即让他精神一振，如：

“将痛苦当做是不幸，是肉体和心灵的错误。痛苦是灵魂成长所必需的东西。知道了这一点，就应该为痛苦而喜悦。”

“我们之所以会遇到灾难而受伤害，是因为这灾难与我们自己内心的状态具有某种相似性。”

“自己的心不去召唤，这世上没一样东西会主动来到我们身旁。自己心上没有一把刀的话，我们绝不会去死于刀下。”

“信心是处于心念世界中的命运雏形，而在这个世界上发生的所有事情都是来自于这个雏形之中。”

稻盛和夫将这些话翻来覆去地读了很多遍。对于一个仅仅12岁的少年来说，虽然并不能全面理解这些话，却对他产生了十分积极的影响，在某种程度上甚至影响了他的一生。

这个故事并不奇特。仔细回想，也许你的生命中也有这样的机缘：在某个偶然的场合，得到某人的指点，人生就再上一个境界。但是这样的情况也给我们进一步的启示：不管在人生的哪一个阶段，尤其是在我们遭遇困境的时刻，我们除了被动接受外界的信息之外，还可以主动去寻找一些对我们有用的东西。

阅读一本好的成功励志书籍，就等于是与一个成功的人士交了朋友，其获得的益处可想而知是非常大的。它会在你沉沦的时候激你奋起，在你找不到方向的时候给你指引，在你胸无大志的时候，赋予你自信，启发你的潜能。

励志的精神养料有许多种形式。除了看书、听励志的讲座以外，我们还可以采取一种轻松而有娱乐性的方式，就是看一些励志的电影、电视剧。如《阿甘正传》《士兵突击》《大长今》等，都是很好的富有励志精神养料的作品，我们可以从中获得巨大的精神支持，提升自信。

韩国的青春励志剧《大长今》，其中蕴含着无数励志元素，比如，梦想、善良、宽容、勤奋、爱心、坚持、信念、人脉……在大长今身上，我们可以找到自己或别人励志奋斗的影子。

长今的成长经历，就像一个人从入职第一天开始到成绩卓著的成长历程。长今从一个稚气未脱的学徒到最后成为宫廷的英雄，这一成长的榜样，值得每一个工作的人对照剧情，反复领悟。你一定会从中发现自己职业定位中的误差，及时找到人生突破的关键……所以，它可以说是一部“入职训练的导图读本”。

假如你是刚进公司的新人，可以从“大长今励志启示”中得到如何设计职业发展路线的指导。假如你已经身为主管、经理，可以从“大长今励志启示”的故事中获得提醒和启发，不要掉进他人曾经掉进的陷阱，并在重要的阶段与转折点做出正确的选择。

让我们再看看2007年播出的中国本土励志电视剧——《士兵突击》。它描述了农村青年历经磨难，成为我人民军队优秀特种兵的成长过程，深得广大观众尤其是青年人的喜爱，引起了“70后”、“80后”的强烈共鸣。

该剧的走红，关键在于运用艺术的表现手法，生动地破译了普通人物获得成功的励志密码：上进的信念、坚强的意志和善良的品质。

“不抛弃、不放弃”，这6字箴言是钢七连的灵魂。许三多的“一根筋、死心眼、一条道跑到黑”的性格特点，经过钢七连的灵魂铸造和体魄锻造后，成为一种可贵的优秀品质和坚强意志。该剧通过最终许三多取得成功与成才招致失败的鲜明对比，展现出善良道德的巨大力量。

许三多的胜利，不是“傻人有傻福”式的胜利，而应该被理解为一种世界观的胜利。这种世界观召唤着真诚、信任、质朴与和谐，就像许三多最经典的台词：“有意义就是好好活；好好活就是多做有意义的事情。”

励志的书籍、电影、电视中，隐含着成功的秘诀。如果你经常接触这些东西，它们会成为你精神活动的一部分，更重要的是，它们渗入你的心灵，在不知不觉中影响你的行为。这些精神养料被你奇妙的心灵吸收之后，你会更有活力，更有热情，要向世界挑战的欲望会克服一切恐惧与不安。最后，你会发现自己有了应付一切情况的自信心。

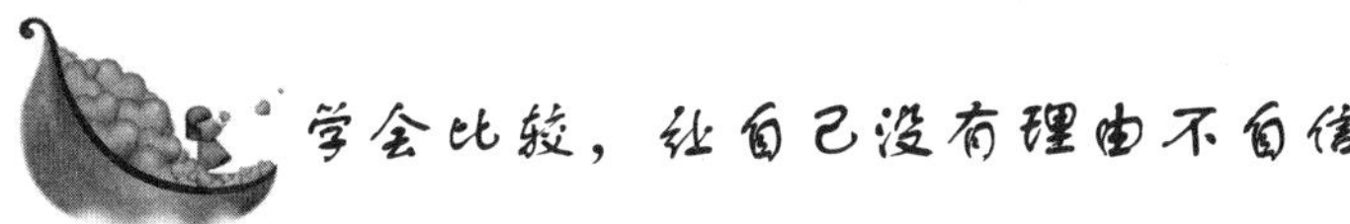

学会比较，让自己没有理由不自信

马克破产了。就在几个月以前，他还是拥有百万资产的富翁，而现在，他一无所有了。颓废的马克心灰意冷地看着过往的行人。就在昨天，他还坐在宽敞明亮的办公室里，看着这个熟悉的城市。而现在，身无分文的他突然感觉这个城市异常陌生。

路过一家高档饭店的时候，他心里更是难受——那是他曾经常去的地方，而现在他再也不能去了。

“噢！上帝，你为什么要这样对我？”马克咒怨道，“我现在变成了一无所有的穷光蛋，没有人再理会我！我的世界已经变成了地狱！”

就在这个时候，一个失去双腿的人从对面“走”了过来，他用那双手，一步一步缓慢地从马克身旁走过。那一刻，马克感到一种震撼。

“失去了双脚的人，依旧可以用他的双手来支撑身体，坚强地生活。而我只不过是失去了一些金钱……”

他忽然发现，自己远远不是最不幸的人。和某些人相比，自己竟然是非常幸运的，非常值得羡慕的，有什么理由不珍惜自己所拥有的呢？于是，他重新振作了起来……

许多人一旦遭遇挫折，就以为自己是世界上最不幸的人，变得沮丧、自卑，对未来没有希望。但是，当你埋怨父母没有给自己带来丰厚的财产时，当你埋怨自己命运不济没有升官发财时，当你羡慕别人有好房子好车时，当你面对别人飞扬跋扈而愤愤不平时，请你回头看看，身后有很多人还不如你呢！他们比你更穷、更狼狈、更无奈，甚至更痛苦。

清人笔记小说中有一首《行路歌》：“别人骑马我骑驴，仔细思量总不如，回头再一看，还有挑脚夫。”语言虽俚浅，却足以醒世。

人生有许多东西是无法选择的，比如出身，比如与生俱来的疾病等，但我们可以选择以怎样的方式和心态生活。如果你感觉自卑，感觉不如人，那么请你想想，这个世界总有人比你的处境更糟糕。

你不是最不幸的，在这个世界上还有很多人比你更不幸。看到他们，你会感到自己的自怨自艾是多么可笑，多么令人羞愧。就像一位哲人所说：“年轻人，记住我一句话吧：这个世界上，除了死亡。没有什么是大事。只要你活着，就是幸运的。好好地过好每一天吧。只有你自己才是你最好的医生，别的人对你都无能为力。”

所以，我们永远不要失去自信。因为你实在是拥有很多。在任何情况下，你都应该保持对自己、对生活的信心。

要使自己始终能够有一个好心情，不仅要学会调整自己的心态，更要学会比较的方法。你不要与大款比花钱，不要与住别墅的人比房子大小，不要与别人比老婆是否漂亮，不要与自己的领导比能力。倘若一定要比，可以这样比：

当你睁开双眼，能够正常呼吸、正常起床的时候，你应当感到非常庆幸：“哦，我还活着，我是多么幸福呀！——因为有些人从昨天晚上开始，已经睁不开双眼。”

当你为工作忙得不可开交、累得直不起腰的时候，千万别抱怨，你应该觉得：“哦，我多么幸运，我还没有失业。——因为还有许多人正在为找不着工作而奔波辗转。”

当你数着有限的收入的时候，千万别不高兴，而应该说：“哦，还真不错，我还可以吃饱饭。——因为还有不少人正在为拿什么买米下锅而愁肠百转。”

当你的孩子调皮捣蛋、学习不尽如人意的时候，也没必要怒火冲天，而应当这样想：“哦，总算不错，我的孩子还是如此健康，我还能够享受天伦之乐。——因为还有不少家庭的孩子身有残疾根本无法上学，甚至骨肉已经失散。

按这种方法进行比较，绝不是自我麻醉，更不是阿 Q 的精神胜利法，而是认清自己所拥有的一切，珍惜它们。

俗话说“比上不足，比下有余”。无论你处于怎样的状况，当你失去自信时，都应该想一想，你还不是最糟糕的。你其实拥有许多良好的条件，有什么理由不自信呢？许多条件不如你的人尚且战胜了种种困难，取得了比你更大的成就，你又有什么理由颓废呢？这样，再消沉的心情都会自信起来。

第八章　鼓起勇气，成功源于自信

你可以做任何你想做的事情，只要你喜欢，这就是足够的理由。这种思想会帮助你克服对未知领域探索的畏惧，使你的视野更加开阔，你将看到生活是多么的丰富多彩，天地是多么的广阔，你将充分发展你自己。这时，你会树立起自信，有勇气面对一切，而自我挫败的种种消极情绪都将远离你。

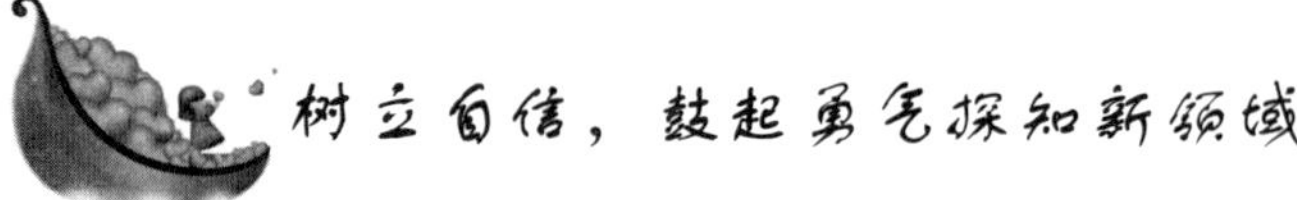

树立自信，鼓起勇气探知新领域

你可以做任何你想做的事情，只要你喜欢，这就是足够的理由。这种思想会帮助你克服对未知领域探索的畏惧，使你的视野更加开阔，你将看到生活是多么的丰富多彩，天地是多么的广阔，你将充分发展你自己。这时，你会树立起自信，有勇气面对一切，而自我挫败的种种消极情绪都将远离你。

著名物理学家爱因斯坦在《我的信念》一文中曾经说过：“我们所能体验到的最美妙的事物便是神秘，这是所有艺术与科学的真正根源。”

爱因斯坦在探索未知的领域中贡献了毕生的精力。他这段话是告诉我们，神秘是值得我们去探寻的未知领域。如果一个人能把自觉探索未知事物作为自己生活的目标，那么他一定是富有激情的人。这样的人必定在所从事的领域中有所建树。

那些曾经做出过辉煌成绩的、闻名于世的伟人，一生都在探索人类未知的领域，在满是荆棘的道路上艰难地奋斗。它们用累累硕果，为人类打开了一个又一个神秘的大门。像富兰克林、贝多芬、达·芬奇、伽利略、牛顿、爱因斯坦等等。这些人伟大之处就在于：他们面对人类的未知领域不是畏惧、后退，而是勇敢地迎接它们，并投身于这一领域。

有人曾经说过这样的话：“人类面对的一切都不会让我感到陌生。”这句话表明，要用新的眼光观察自己、认识自己、挖掘自己的潜在力量，不要屈服于周围的一切。伟大人物之所以伟大，就在于他们完全信赖自己，看到了自己的潜在力量，并以极大的超人的勇气将这种潜在能力付诸于实践，去探索人类的未知。

相反，许多人一提到未知就想到了危险。他们认为，人生的目的在于按照确定想法处理出现的问题。比如，明确了解自己的下一

个目标，设想自己应该怎样去做，应该得到些什么。认为只有鲁莽的人才会冒险探求人生的未知领、域，到头来这些所谓的“鲁莽之人”，总是被视为生活中的异类而受到歧视和排斥。最糟糕的是，当事情出现波折时，当事情不能如愿时，这些“鲁莽之人”还会遭受到更严重的诽谤、诬蔑和咒骂。正是由于前途未卜，所以使许多人干脆一开始就逃避风险，不去探索，只求安稳地度日而已。对这些人来说，沿袭前人所指点的路走下去，即使这是一条毫无目的和希望的路，也比冒风险强。

传统的生活一开始就影响着人们，不要对任何事物产生好奇和疑问，不要去冒风险，只要能求得安全可靠；不要打破砂锅问到底，不要迈向未知的领域，只要能够停留在所熟悉的地方。这些早期的影响，形成了一种心理障碍，阻碍人们的行动，束缚人们的思想，泯灭人们探求未知领域的思想火花，使人们总是停留在原有的基础上无法成长，并且无法满足人们的求知欲望。开始是家庭，然后是学校的教育，孩子们学会了安分守己，不去探索新的事物，人们告诫孩子们，“不要迷路”“背好正确的答案”“和你想法一样的人交朋友”“老师怎么说，你就怎么记”等等。这些可怕的影响，阻碍你的成长，禁锢你的思想，你应该下决心摆脱它。

如果你完全信赖自己，你会充分发挥自己的潜在力量。你将会对自己所蕴涵的能力感到惊奇。

对于自己渴望的事情，不要轻率地加以限制，而是努力去做。你会发现大多数的愿望都是可以实现的。你并不是要求得到月亮，或者达到其他遥不可及的目的，所有你的这种努力，实际上是在消除对未知领域的畏惧心理。

不再为一切事物找任何理由。当别人问你为什么做这事时，你不必使答案令他们满意，只要你自己喜欢就可以了。

有意识地结交一些你所不熟悉、不了解的人，多和他们交换意见，注意倾听他们的看法。

当你置身于某个陌生场合时，没有一个你认识的人。这时不要紧张，不要害羞，不必等待别人主动和你打招呼。应当勇于同身边的任何一人开始交谈。要相信，在人们中间，肯定有人会成为你的朋友。

有意识地选择你过去不熟悉的事物，并且要有决心。例如：换一身你从未穿过的衣服，要一道从未吃过的菜，只要你喜欢就行。

尝试着做一些你过去以“我实在不善于……”为借口逃避的事。比如，你花上一个下午的时间画一张画，尽管并不漂亮，但是你度过了快乐的半天。

尽量摆脱例行公事的各种举动。譬如，未经事先计划，去一个你从未去过的陌生城市度周末。

将你的生活变得富有神奇，决定以可行的方式而不是一成不变的方式生活。

尽量消除你对别人所怀有的偏见，向你自己的偏见挑战。你会发现偏见使你停滞不前，使你失去乐趣。你对某人的偏见越大，你的误解也就越深。你会进一步感到你的畏惧是多么愚蠢。有了这种认识，你会正视未知的领域，并且能够不断尝试新的事物。

当你发现自己在逃避未知的事物时，就问问自己：“什么是可能发生的最糟糕的事情?”这样你会使自己平静下来。而且你会看到事情实际的结果比畏惧时要好得多。

不要考虑做事是否会失败。比如，输了球，画不好画等等。虽然这样，你应该明白这和你个人的价值毫无关系。你仍然可以享受事情过程中的乐趣。

惧怕失败，实际上是惧怕别人的讽刺和揶揄。你要提醒自己，别人的意见并不代表你的意见，你要用自己的见解衡量自己的行为，而不是别人的见解。

不要把十全十美作为你或者作为你对别人的要求。要立即找出你认为重要的事情，努力去做，尽力而为，达不到十全十美也没有关系，只要自己尽力了就行。事实上，十全十美的说法没有任何实际意义，事物总是有需要改进的地方，对完美的要求实际是对自己的苛求。

以上是克服对未知产生畏惧的建议，这些积极的办法是对过去行为和固有观念的挑战。它们使你更多地去想象、去探索，使你能够从束缚和禁锢中释放自己的创作力。

希望你能够做一个对生活充满热情，勇于探索、尝试的人。

勇于探索未知世界的人，在生活中总是十分活跃。他们有旺盛的精力，从不疲惫，他们对所有陌生的事物都怀着兴趣和好奇，他们的好奇心永远也不会满足。在一生中，他们随时随地探求和学习，向教师学习、向同行学习、向孩子们学习，学无止境，对于能够学到更多更好的知识，他们感到新鲜和兴奋，并且在学习中体验到生活的乐趣。

他们从来不去炫耀自己的才能和地位。他们对任何事物都感兴趣，从来不坐井观天。他们积极地接触和体验这个世界，他们和出租司机聊天，也会问外科大夫在做手术时的感受，还会同诗人探讨诗歌中的意境。他们以全身心来拥抱世界。

他们不在意一定要做对或已经做错，如果做得不好，或者没有达到完美的地步，他们也不会因此而沮丧。他们并不畏惧失败，事实上，他们欢迎失败，他们不会把任何事业的成功和做人的成功混为一谈。失败只是别人的意见，而别人的意见是不会影响自己的价值的。他们会尝试一切，出于兴趣而参与一切，从不介意别人怎么看。

他们是轻松愉快的人。他们明白，不可能万事都尽如人意，世界上根本就没有十全十美的事情。因此，在不和谐的环境中，他们既不苛求于己，更不苛求于人，而是愿意同大家一起去了解和尝试丰富多彩的生活。

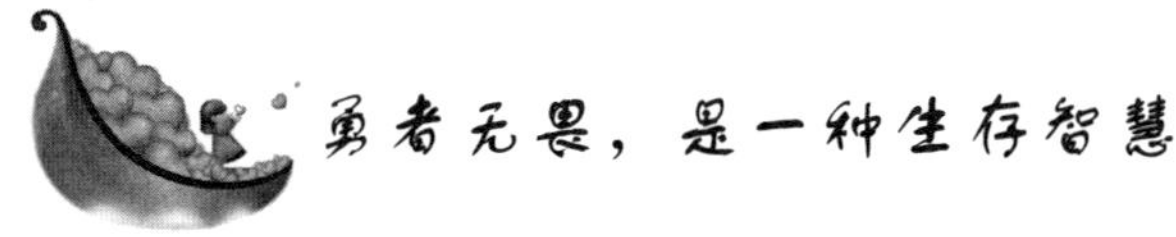

勇者无畏，是一种生存智慧

勇者无畏，它是一种生存智慧，它可以考察一个人的胆略和才识。勇敢决定了一个人是否有赢取天下的决心，只有勇敢的人才能

走向更加美好的明天。

在一个山坡上，老鹿妈妈带着小鹿在草地上悠闲地啃着草，小鹿不时地用脖子在鹿妈妈身上蹭一下，它们在享受着幸福的时光。

它们不知道灾难就要降临了，一只凶猛的老虎正悄悄地向它们靠近，警觉的老鹿突然抬起头来，它感受到了危险的信号，立即带上小鹿奔逃。老虎哪里肯放弃到嘴的猎物，立刻跃起追赶。

两只鹿飞快地向山上奔跑，恐惧使它们忘记了方向，在它们到达山顶时，突然出现了一个峡谷，那峡谷的宽度太大，已经超越了鹿的跳跃极限，但是老虎就在后面追赶，等待只能是死路一条，老鹿迅速地瞥了一眼自己的孩子，之后毫不犹豫地起跳了。

小鹿也紧跟着起跳了，它们跃到了峡谷的中间，就在老鹿即将下坠谷底的刹那间，小鹿落在了老鹿的背上，并以老鹿的背为支点，成功地实现了第二次起跳……就在老鹿坠在悬崖的瞬间，小鹿成功地跃上了峡谷的对岸，存活了下来，老鹿却粉身碎骨。

小鹿站在峡谷的另一侧，望着幽深的峡谷，默默地流下了泪水。

当时，老鹿如果停蹄不跳或犹豫一下，它和小鹿毫无疑问都会成为老虎的战利品，关键的时候，老鹿选择了做小鹿的跳板，把两条生命变成一条。而这样做，正是为了让小鹿能生存下来。

面对死亡，老鹿没有丝毫的犹豫，而是勇敢地凌空一跳，把生存的机会让给了孩子，使得生命能够延续下来，这种勇敢的精神令人佩服。

动物的勇敢和人类的勇敢何其相似，面对死亡，勇敢地放弃自己的一切就是明证。在19世纪末的英国乡下，有个绅士带着他的孩子在河边玩。

一不留神，孩子竟然掉到水流湍急的河水里，众人一时惊慌失措，不知该如何是好。这时，父亲奋不顾身地跳进水流湍急的河水中，冒着生命危险，用尽了气力将小孩救了上来，自己却献出了宝贵的生命。

上帝给人的生命固然脆弱，但是上帝又给了生命以勇敢和机智，这样人们便有了保护生命的能力和动力，这就是强者的一种生存

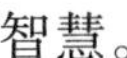

智慧。

勇敢能成就这样一种人，他注定是屹立不倒的碑，闪耀着夺目的光芒。在电影《爱国者中》梅尔吉普森依然是平民的领袖，在他的带领下，杂牌军也能战胜正规军，这才是一个人真正的自我，因为他拥有一颗勇敢的心。

英国的首相丘吉尔，不幸罹患当时足以致命的肺炎，群医束手无策。有人向他推荐，考虑使用未曾做过人体试验的新药物为他治病，可能对他的致命肺炎有效。一向有着勇敢性格的丘吉尔听后，毫不犹豫地答应了下来，他说“为了同疾病作斗争，我愿意试试。我愿意作药品试验的小白鼠。”

勇敢的结果是，新药物挽救了丘吉尔的生命，丘吉尔在第二次世界大战期间，领导欧洲盟军，成功地制止了纳粹称霸世界的野心，勇敢间接地影响了全世界命运的转变，成果着实非凡。

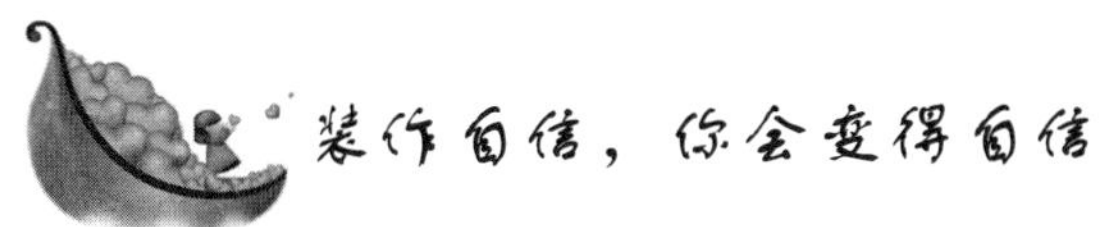

装作自信，你会变得自信

大家都知道，一个人高兴的时候，肯定会有高兴的表现：手舞足蹈、满面笑容。而一个人不高兴的时候，则会垂头丧气，两眼无神。这表明一个人的心理状态会影响到身体状态。而心理学上有一个很重要的发现，就是身体状态反过来也会影响到情绪。

想要改变情绪，改变心理状态，最快的方法就是改变身体状态。例如，一个人到迪斯科舞厅跳了 20 多分钟，会很兴奋，这时你如果问他，为什么这么高兴呢？他会说，跳舞当然高兴了。也就是说，没有发生任何特别的事情，也可以很高兴，只要他做出高兴的动作。

一个人通过肢体动作，对自己形成了一种微妙的心理暗示，让自己以为自己有某种情绪，结果因为受到暗示，你就真的拥有了这样的心绪。

“你不可能一直只有爱的行动却感受不到爱。”许多心理学家都

告诉我们，我们能借着改变实际行动，来改变我们的心态。例如，如果你使自己发笑，你就会觉得真的很好笑；当你挺直腰背时，你就会觉得自己很优秀；相反，你若扮出一副苦瓜脸，可能真的会变得苦闷。

假如你处于这样的状态：低着头，垂着肩膀，走起路来双腿仿佛有千斤之重，那么你就会觉得情绪很差。如果你改变一下状态，你深吸一口气，抬头挺胸，脸上堆满笑容，摆出生龙活虎的架势，甚至蹦蹦跳跳地走路，那么你的情绪马上就会振奋起来。

现在，你可以学会一个简单的获得自信的方法，做出自信的动作：雄赳赳，气昂昂，双眼有神，走路快速，腰板挺直。只要你能做出这些姿态，就能感受到自信了。

西奥多·罗斯福，是美国历史上一位杰出的总统。他原先也有胆怯自卑的缺点。他在自述中写道："有一次，我读到一本书，其中有一段谈到一位英国军舰舰长告诉主人公怎样克服恐惧：'人们可以装作不害怕的样子，时间一长，假的就不知不觉变成真的了。'我相信了这种说法。那时我害怕的东西多得很，从大灰狼、劣马到拿枪的士兵，见了就想躲。后来我让自己装出不怕的样子，慢慢果然就不怕了。我想，人们只要愿意，可能都会有这样经验的。"

现在我们知道了，做出精神抖擞的样子可以获得自信。具体来说，心理学家建议我们可以做到以下几点：

1. 以拥有者的态度走入每间屋子

走路的姿态常不自觉地泄露你的秘密。昂首阔步，抬头挺胸，仿佛一切都在你的掌握中；想象你拥有这个空间；当你举步时，回想过去曾有的自信满满的感觉。

2. 好的体态

耷拉着肩膀、无精打采的人看起来缺乏自信，他们对自己所做的事情没有热情，也不认为自己很重要。拥有好的体态，你自然而然就会感觉更自信。挺胸抬头，眼睛直视前方，你将给人一个好的印象，显得更警觉更有力量。

3. 快步走路

体现一个人自我感觉最直接的线索就是走路。慢？疲倦？痛苦？还是精力充沛并且有目的？自信的人走路一般都很快。他们知道自己要去什么地方，知道要去见什么人，并且有重要的事情做。

即使你不着急，也可以通过脚步的活力来增强自信。步速加25%可以让你看起来更加自信，也让你自我感觉更加自信。

4．练习正视别人

某人不正视你的时候，你会直觉地在心里问："他想要隐藏什么呢？他怕什么呢？他会对我不利吗？"

不正视别人通常意味着："在你旁边我感到很自卑；我感到不如你：我怕你。"躲避别人的眼神意味着："我有罪恶感；我做了或想到什么我不希望你知道的事；我怕一接触你的眼神，你就会看穿我。"这都是一些不好的信息。

正视别人等于告诉对方："我很诚实，而且光明正大；我相信我告诉你的话是真的，毫不心虚。"

因此，我们要在各种场合练习正视别人。

5．主动打招呼

热切地与对方握手，正视对方的眼睛，说"我很高兴认识你。"这三种简单的行动马上能自动驱除害羞感。

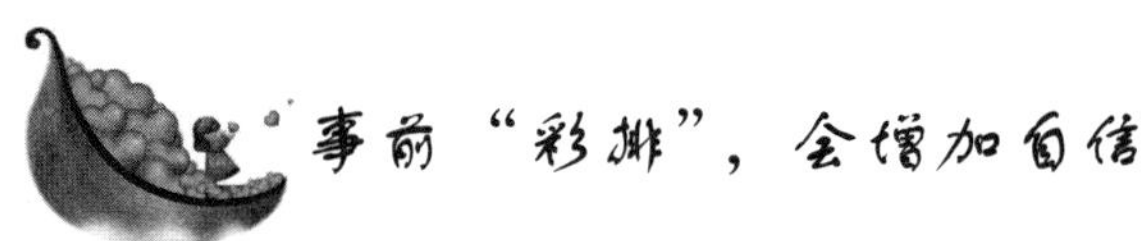

事前"彩排"，会增加自信

心理学家告诉我们：在心里演练我们要做的事，会提高我们完成任务的水平，增加我们的自信，使我们把它做得更好。

有这样一个实验：研究人员将水平相当的足球运动员划分成三个小组，并告知第一小组暂停练习射门一个月，第二小组每天下午练习射门一小时，为期一个月。至于第三小组，要求每天在想象中练习射门一小时，也是为期一个月。

研究人员于一个月后公布结果：第一组射门的成功率下降2%。

第二组成功率上升2%。这两个结果都在预料之中，没有大的意外，但是第三组的结果却颇为令人惊奇——他们的射门成功率上升了3.5%。

在想象中练习射门，居然比实战提高得还快，真是令人费解。这就是模拟成功的效果。因为在第三组人的想象中，他们的球都射中了。

在前往成功的路上，形象化的设想，在脑海里创造出鲜明的、激动人心的画面，将是你最有效的、却没有被充分使用的利器。心理学家告诉我们，它会使你大脑的神经网络系统得到调整，调动任何“能帮助你实现目标”的因素，同时使你抛弃那些阻碍你成功路线的因素。

它还刺激你的潜意识，使你的思维也变得灵活，一些达到你理想目标的方法就得以创造出来。例如，一觉醒来发现脑子里突然出现了很多可应用的小点子，沐浴的时候跳出许多好主意，哪怕是漫步、挤车或吃饭时都会突然灵光闪现……这些都是你达到目标的捷径。

总之，你在做事情的时候，形象化设想能够提高你的积极主动性，创造出新的能动力。结果，你发现自己会完成很多以前自己不敢去做或认为不能做到的事情。

电视观众对美国前总统里根在国情咨文的记者招待会上对答如流、幽默诙谐的天赋印象深刻，却不知总统在记者招待会前往往有一段幕后“模拟采访”。

每次记者招待会之前，里根总是把他的新闻助理及主要政策顾问找来。这些人会提出从预期到外交上的“热门”话题，里根试着回答，再由顾问们补充、校正。这使总统在真正面对记者时能够应付自如。

据说杜鲁门、肯尼迪、尼克松、福特等美国历届总统都不时使用这个策略。英国前首相温斯顿·丘吉尔在重要场合发言，都提前反复背诵之后才会出场。别人都惊叹他的记忆力和才华横溢，实际上是他的“家庭作业”做得好。这些国家元首利用的正是“行为预演”这种心理技术。

“行为预演”就像是演出前的彩排。我们知道，文艺演出事前都要进行“彩排”，比如一年一度的春节联欢晚会，总是要进行认真的彩排。缺少了这个环节，很难想象表演者会有充分的准备和自信去参加真正的演出。事前的彩排，也就是模拟真实场景的演练，对提高我们的自信，是非常有必要的。

譬如，我们如果做演讲，就经常需要事前“彩排”。演讲者在备稿、记稿的基础上，可逐步过渡到脱开文稿口头表达，也可以说是讲前的“试讲”。

尽管预演不是正式登台演讲，但应做到“假戏真做”，如：将场地进行必要的布置，以烘托“现场”气氛；注意自己的仪表和服饰，以增加真实感；将全部演讲辅助器械放置就位，以利顺手操作；计划壁报展示的，还要将全部展示件贴出，并注意版面安排和占用面积等。若能请到有经验的专家、同行参加预演就更好，可以请他们“导演”，随时为自己“说戏”。

预演中，演讲者要对演讲附件和助讲器械的情况了如指掌，其中包括投影字体大小，图表线条的粗细，以及常用器械的操作和控制等，以免出差错误事。

计时是“预演”的关键。“预演”要严格控制在演讲规定的时限之内，并适当留有余地，避免前松后紧或临时打乱安排的情况影响演讲效果。讲罢，可以请听众提提意见，作些提问、质疑，使演讲者事先体会一下如何“答辩”。

“行为预演”对在社交、人际关系中缺少自信的人来说，也是一种有效的训练方法。

在社会交往中，许多人总有害羞、怯场的感觉。心理医生告诉我们，克服这样的心理问题，也可以运用“彩排”的方法。

有的人因为担心年轻资浅而害羞，那么可以先问问自己，最害怕什么人，如老师、上司、长者等。再问问自己怕到什么程度，如手抖、心慌、脸红、出汗等，特别要注意害羞时的语言表现，是口吃、打顿、声音小还是说不出话。

然后你先把自己关在房间里，对着镜子装成害羞的样子，像你真害羞时一样。自己看看这种样子，是不是好笑、可怜、必要不必要。然后再做出不害羞的样子，装成洒脱、无所谓的腔调，体验那是什么感受，注意手臂、腿、躯干、脸部表情的自然和放松。

最后再假装把你害怕的“尊长”推到你“面前”来，体验一下面对面的感觉。在正式出场与真人见面之前，再反复练习开头几句话的内容、姿态和声音。然后你就可以去实地练习了。

注意，只要害羞的程度比原来有所减轻，就要在感情上鼓励自己。坚持反复演习，反复实践，就一定会提升我们的自信。

“行为预演”虽然不能克服所有的社交心理障碍，但根据这种方法，结合自己的特点，坚持练习，反复实践，是能改善你的不良行为的。

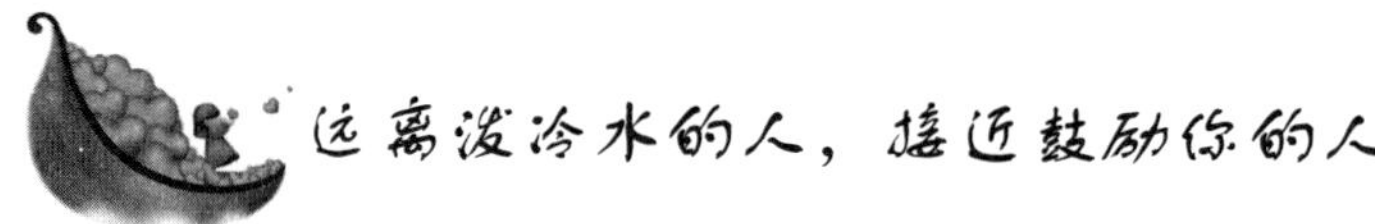

远离泼冷水的人，接近鼓励你的人

著名的年轻魔术师刘谦说过：“有一种人，当小朋友满心期待挂着袜子在床头时，他们会告诉小朋友：别傻了，这世界上根本没有圣诞老人，都是骗人的。有一种人，当你专心陶醉在阿凡达的剧情当中，他们会在你旁边说：别傻了，这都是三维特效做出来的，电影都是骗人的。有一种人，当你正在享受魔术带给你美妙体验时，他们会跳出来说：别傻了，让我来揭秘给你看，魔术都是假的。”

这种人，相信你我在生活中都经常遇到，那就是——“爱泼冷水的人”。本来，事物总是一分为二的，既有美好的一面，又有丑陋的一面，而泼冷水者用令人沮丧、气馁的方式，只指出消极的方面，使人感到气馁和无能为力。

比如，在许多单位，你会遇到一些爱说闲话的人，他们“了解内情”，并迫不及待地想使你成为他们的一员。他们会对你说：“在这里，你最好的处世哲学是不管任何闲事，对任何人都敬而远之，躲得越远越好。一旦他们认识你了，一大堆工作都会压到你头上。特别注意不要和李先生（部门经理）接触。一旦他认识你了，你就没好日子过了……”这种爱说闲话的人也许在公司已经20个年头了，至今仍处在最底层。对一位想干一番事业的年轻人来说，他绝不是一个对你有积极影响的人。

我们每个人的身上都蕴含着积极因素，又蕴含着消极因素。泼冷水的人把人们的消极因素、潜在的失望情绪释放出来，使你在困难面前感到怯懦、渺小，觉得官僚主义可怕又难以对付，事故和疾病无法预料，精心制定的计划无法执行……

泼冷水者对一切都感到泄气。不努力去做，他们的悲观情绪很容易感染其他人。泼冷水者没有意识到，自己丧失了对未来、对他人的希望，只看到生活中的消极面。他们为了使自己的悲观想法站住脚，就多方搜集理由来证明自己观点的正确性。情绪消极的人不仅自寻烦恼，还常常使他周围的人“扫兴”。

人对自己所喜爱的事总有一种热诚。这种热诚如果受到别人的赞美，就会使人越发对自己所爱的事专注，甚至做出伟大的创新。但如果遭到对他缺乏信心，甚至看不起他的人说两句冷冰冰的丧气话，就容易怀疑自己，甚至误认为对方说得有理，无意间埋没了自己的热诚和信心，更不会有什么成功了。

同事之间、朋友之间、上下级之间、夫妻之间、亲戚之间，都会有那种对新想法泼冷水的人。生活中还有对某个过去不太成功的人，大家都爱泼冷水的情况。我们如果想建立自信，成就事业，就要努力避开这种人。

人的创造力和潜力是自己也无法识透的，更何况别人。世上有两种人：一种是干大事的人，一种是干小事的人。做事时出现错误的大小与所做事情的大小成正比，也与人的承受失败的心理（耐挫力）成正比。对于某些人很难的事，对另一些人却不一定很难。鄙视你周围的这些消极分子吧！不要让他们把你拉到他们行列中去。只需对他们置之不理，视而不见。

避开泼冷水的人，前提是：自己对自己所做的事有成和败的充

分准备。这样即使失败了，也不会丧失信心和斗志，而会用心去寻找失败的真正原因，为下一次成功找到捷径。

避开泼冷水的人，并不是说我们不需要听别人的正确意见而蛮干。我们可以分辨出身边哪些是泼冷水的人。他们不是真正提意见的人。注意身边，那些凡事都缺乏自主，动不动就叫别人帮忙的人，对任何事都觉得没有意义的人，不喜欢儿童乱动的人，总盼望别人倒霉的人，与人共事总溜到后边的人，别人做了好事自己也受益，但佯装不知、不说感激话的人，这些人都是爱泼冷水的人。他们之所以爱泼冷水，是因为自己是个不敢担当、或者容易嫉妒别人的人。这样的人，我们要小心受到他们的消极影响。

有个妈妈在厨房洗碗，她听到小孩在后院蹦蹦跳跳玩耍的声音，便对他喊道："你在干吗？"小孩回答："我要跳到月球上！"

你猜妈妈怎么说？她没有泼冷水，骂他小孩子不要胡说或说赶快进来洗干净之类的话，而是说："好，不要忘记回来喔！"

这个小孩后来成为第一位登陆月球的人，就是阿姆斯特朗。

许多有大志的人，当他们正在惊涛骇浪中挣扎，在恶劣的环境中奋斗，想要得到一点立足之地时，忽然知道有人在恳切地期望他们的成功，这时候他们就会变得更有勇气、更有力量了。

当那些命运坎坷的人，正要在奋斗的路上灰心地停顿下来时，忽然想起老师和他分别时的赠言——他的老师非常信任他，说他将来一定可以成功，或者忽然记起慈母的含泪叮咛——他的母亲正在期望他的成功，叫他不要使她失望伤心，于是他们重又振作起精神，百折不回地继续争取胜利。

有许多本质善良、很有成功希望的人，只因得不到他人有力的鼓励、真实的信任，最后败下阵来。

人对事情的热情、对学习的热情，还有对生命的热情如果被浇熄了。是很可惜的事。我们要尽量多接触那些客观看待问题的人，积极上进的人，最好是与那些能够鼓励你，增加你自信的人交往。

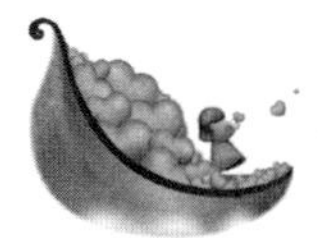

自信能接受最坏的情况

一个少女，因为发现男友或者暗恋的男孩和另一个漂亮女孩表现亲密，感到伤心欲绝，不想活下去了。但是那件事过去若干年之后，她可能都想不起来这件事和这个男孩了。

许多成年人也会这样，遇到一些打击，就以为是“生死攸关”的大事。

比如，一位推销员拜访一位重要的潜在客户，心里想：“如果这笔生意我做不下来，几个月的心血就会付之东流。我完成不了公司的定额，得不到奖金，那么，我和丈夫制定好的度假计划就要泡汤。可我怎样对丈夫说呢？另外，我的销售经理也肯定会缩小我的推销区域。”

与这位客户见面的意义，被她在想象中无限放大。然而一年之后，这次擦肩而过的机遇可能会被更大的成功所补偿，幸运之神甚至会突然垂青她，使她推销出新产品，或者让通过意想不到的渠道得到更大的订单。从整个推销生涯来看，这次推销成功与否其实无关紧要。

可见，觉得一件事“生死攸关”常常是一种错觉，这可以通过冷静而理性地分析当前局面得到修正。

面对不利的局面，我们不要自动地、盲目地、焦躁地作出反应，而应扪心自问：“如果我失败了，最糟糕的情况会是什么样呢?”我们应提醒自己“人生很漫长”，从更长远的角度来说，这件事情也许并不像当时所感觉的那么严重。

让我们回想一下小时候的考试吧：没有考出满意的分数在当时显得多么严重，可是你现在认为它重要吗？即使是对人生有极大影响的高考，也并不是一考定终身——生活如何向前，在于你持续的努力，而不是某一次特定的事件。

同样，工作中的一次成败也没有你现在看得那样重要。“留得青山在，不怕没柴烧”，你大可不必因为一次行动的成败而那么紧张。

我们做事情，必须要设想出最糟的结果是什么。就像那句话说的：“为最好的结果去努力，也为最坏的结果做好准备。”

我们要做那些能够接受最糟的结果的事情。如果不能接受它，从一开始就不要做。

做一笔生意，如果投资 50 万，你要做好思想准备：万一这 50 万都血本无归，你能接受吗？虽然我们不一定那么倒霉，但是世事无常，影响一件事情有许多因素，我们无法对事情有 100% 的成功把握。所投入的资金全部亏损也不是完全不可能的，因为任何事情都是有风险的。因此，我们做事情不能只想好的结局，也应该做好最坏的心理准备。我们要问自己，如果最坏的结果发生了，我们能够接受吗？我们是否会因为这个打击而一蹶不振？如果你受到打击，大病一场，甚至有更糟的结局，就说明你接受不了这样的结果，那么从一开始就不要去做这件事。

如果这个最坏的结果我们也能够接受，我们觉得没有关系，不会对我们造成很大的甚至致命的打击，不会因为这个打击而破坏了我们的整个生活，我们“愿赌服输”，那么就可以去做这件事。

我们不能对自己做不成功则成仁的许诺：追求一个女孩不成，就去自杀；生意亏损了，就逃跑躲债；跟人谈不拢，就动拳头……

有了能够接受最坏情况的思想准备后，你的内心就会比较踏实笃定。让自己在心理上提前面对最坏的情况，接受它，这样我们才能保持自信，处在一个可以集中精力解决问题的位置上。

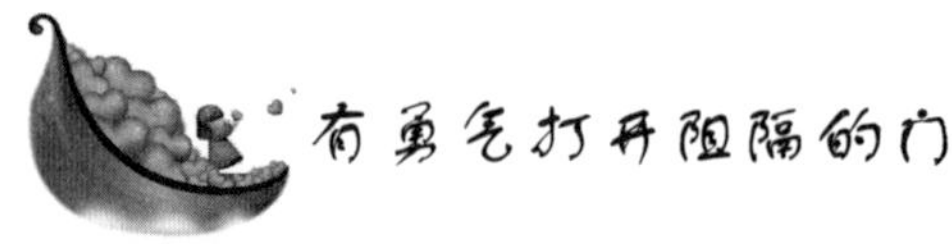

有勇气打开阻隔的门

有勇气打开阻隔的门，才会成为真正的英雄

有一位青年人一心想成为真正的英雄。经过三个月的跋山涉水，他终于在深山里的一间小木屋里找到了日思夜想的智者。

青年人走上前去敲门："我不远万里而来，就是想弄明白一个问题：怎样才能成为真正的英雄？"

智者在屋里面说："现在晚了，你明天再来吧！"

第二天一早，青年人又去敲门。

智者说："现在太早了，我还没到起床的时候，你明天再来吧！"

第三天一早，青年人又去敲门。

智者说："现在你来得太迟了，我要去晨练，你明天再来吧！"

青年人第六次去敲智者的门时，智者又说："我要休息了，你明天再来吧！"

青年人怒从心起，大声说："每次你都这样推三推四，我何时才能成为真正的英雄？"青年人说完踢开了智者的门，直冲进屋里去。

智者笑眯眯地看着怒发冲冠的青年人，说："我等了六天，就等你鼓足勇气打开我的门。

世间万物之间相隔的仅仅是一扇门。在生活中，我们遇到的种种困难，其实一也只是一扇阻挡我们前进的门。面对困难没有解决的办法，只要你有勇气打开这扇门，成功就会在对面。

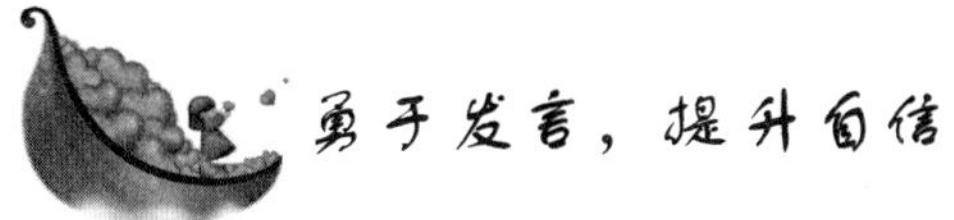

勇于发言，提升自信

在一个英文演讲班上，将近二十名学生中有几名德国、法国、印度和日本的外籍学生，上课期间都有作业。

有一次，老师要学生背下十个关键字。等到规定的时间一到，老师便在课堂上问："会背的人请举手！"这时，当场举手的以外国学生居多，但能够顺利背出来的仅有六七个，其余的三四人却吞吞吐吐地不知所云。

这时，老师就转而指名没有举手的中国学生说："××同学！你会背吗？"结果这位学生一字不漏、流畅地背了出来。再指名其他两三名中国籍学生时，也都如此。教授不禁惊讶地问道："为什么刚才都不举手呢?"这些中国学生都觉得难为情，红着脸低下头来。

在许多公司中，每当开会完毕或上司的说明结束，往往也会问道："大家有没有问题?"这时几乎所有的人都会回答："没有!"直到散会后才有人发表高见："那时候我本来要提出一些问题的……"旁人如果追问："为什么当时不提出来呢?"得到的回答却是，"我才不要做傻子，就我一个人，万一错了怎么办?"

可是据从国外生活多年的人回来讲，在欧美国家，演讲完毕之后，通常会有很多听众当场提出问题，并一起讨论，使会场气氛变得相当热烈。但在中国，这种情形却很少。

这体现了欧美人士与中国人性格上的差异。欧美国家的人，似乎擅长表现自己、推销自己，即使是"半瓶水"，他们也不会感到胆怯和自卑；但相形之下，中国人则过于含蓄而害羞了，往往还没发言呢，脸就红了起来。

其实，因为害羞而怯于表现自己，就等于放弃了使别人了解自己的机会。无论参加什么样的会议、培训课程、交流会，都要努力坐到前面去，并要勇于提问，勇于发言。

在会议中沉默寡言的人都认为："我的意见可能没有价值，如果说出来，别人可能会觉得很愚蠢，我最好什么也不说。而且，其他人可能都比我懂得多，我并不想让你们知道我是这么无知。"这些人常常会对自己许下很渺茫的诺言："等下一次再发言。"可是他们很清楚自己是无法实现这个诺言的。每次这些人放弃发言的机会时，他就又中了一次缺少信心的毒素，从而愈来愈丧失自信。从积极的角度来看，如果尽量多发言，就会增加信心，下次也更容易发言。所以，要锻炼自己多发言，这是信心的"维生素"。

卡耐基每次上课时，都强迫每一个不善于讲话的人说话。由于不断地训练，这些人拥有了勇敢、自信和热情，后来也就有了出色的表达能力。我们也应该尽量为自己创造这样的条件，以提升自己的自信。

为了使自己在别人面前，在公众场合有更强的自信，更加镇定自若，我们应该多加练习。我们应把自信心视为肌肉，定时地持之以恒地锻炼。如果稍有懈怠，它很快会松弛。

和不期而遇的人进行一对一的交谈就是很好的开始，让我们从和水电工、超市收银员接触开始吧！

就算在餐厅里，也试着当第一位点菜的人，就算是喜欢吃的东西与别人很不相同，而遭到他人投以狐疑的眼光，但试问：在一两个月之后，有谁还记得你那一餐曾经点了什么东西？

试着锦衣华服在大庭广众做几次中心人物，面对公众的各色眼神高谈阔论，滔滔不绝，不管谈得是否正确，不论讲得是否中听，你只管讲，但不要伤人；而且讲完了之后，不管效果如何，不要立即走，你要坚持留在当场，点头、微笑、礼貌待人。

这样训练自己，我们才会越来越自信。

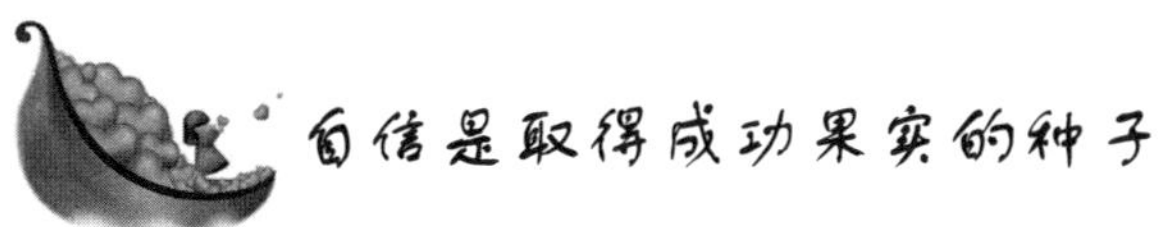

自信是取得成功果实的种子

小时候，看见别的孩子爬树，你却总是站在一旁看着，自己从不敢尝试一下。你认为别的孩子太淘气了，而你早已学会了安分守己，于是，你便失去了机会。上学了，班上举办文艺活动，会唱歌的你不敢报名参加，你不敢上台，怕出丑丢脸。诸如此类的小机会，如果你不抓住，似乎一次又一次的放弃也没什么损失，但实际上，你的损失是巨大的，因为你的心态和选择已经形成了消极被动的习惯。那么等到关键的时机来临的时候，你怎么会发现和抓住呢？等待你的只有错过和失去。

实际生活告诉我们：争取成功的动力和机遇就是这样飞来又失去，失去又飞来。问题在于你能否改变自己，能否唤醒积极的自我意识。如果不是心态积极、自信主动，哪里会有什么动力和机遇？即使机遇和目标就在你眼前晃动，你也不会发现，或是发现了也不敢抓住。所以，我们所缺乏的主要不是机遇和条件，而是积极的自

我意识。

人们都很羡慕那些取得成功的人，其实那些创造了奇迹的人与我们最大的区别就在于，他们都有坚强的自信意识。如果把一个人的成功比作土地上的果实，那么，自信就是取得成功果实的种子。有了种子不等于就会有果实，还要精耕细作，努力工作。但如果没有种子是绝对不能长出果实来的，一个人不相信自己有能力、有价值并且可以成功，哪里还会自觉地强化自信意识，树立成功心理呢？

对于个人来说，有坚强的自信，往往可使平庸的男女能够成就神奇的事业，成就那些虽则天分高、能力强却又疑虑与胆小的人所不敢尝试的事业。你的成就的大小，永远不会超出你自信心的大小。拿破仑的军队决不会爬过阿尔卑斯山，假使拿破仑以为此事太难的话。同样，假使你对于自己的能力存在严重的怀疑和不信任，你一生中就决不能成就重大的事业。成功的先决条件就是自信。

河流是永远不会高出于其源头的。人生事业的成功，亦必有其源头的，而这个源头，就是梦想与自信。不管你的天分怎样高、能力怎样大、教育程度有多高，你的事业的成功，总不会高过你的自信。“他能够，是因为他认为自己能够；他不能够，是因为他认为自己不能够”。自信对我们的成功非常重要，很多的科学家、发明家把它作为最重要因素。发明家爱迪生就讲过，自信是成功的第一要素。拿破仑·希尔，美国成功学的一个重要的代表人物，也是反复地强调自信，他甚至说，自信就是生命和力量，自信是创业之本，信心就是奇迹。

有许多人常常这样认为：世界上种种最好的东西，与自己是没有关系的；人生种种善的、美的东西，只是那些幸运宠儿所独享的，对于自己则是一种禁果。他们沉迷于自以为卑微的信念中，所以他们的一生，自然要活在自己卑微的世界里；除非他们一朝醒悟，敢于抬头要求“优越”。世间有不少可以成就大事，但结果却老死田下，默度其渺小一生的男女，就因为他们对于自己的期待、要求太小的缘故。

自信心比金钱、势力、家世、亲友更有意义。它是人生最可靠

的资本。它能使人克服困难，排除障碍，使人的冒险事业终于成功，它比什么东西都更有价值。一个人能够给予自己很高的估价，则他在做事时，必所向披靡，刚刚开始，就可得到一半的胜利，操一半的胜算了。一切横在自卑自抑者面前的障碍，在这种自信坚强的人面前，是完全不存在的。假使我们去研究、分析一下“自造机会”的人们的伟大成就，就一定可以看出，他们在出发奋斗时，一定是先有一个充分信任自己能力的坚定心理。他们的心情、志趣，坚强到可以踢开一切可能阻挠自己的怀疑和恐惧，这类念头，使得他们能够勇往直前。

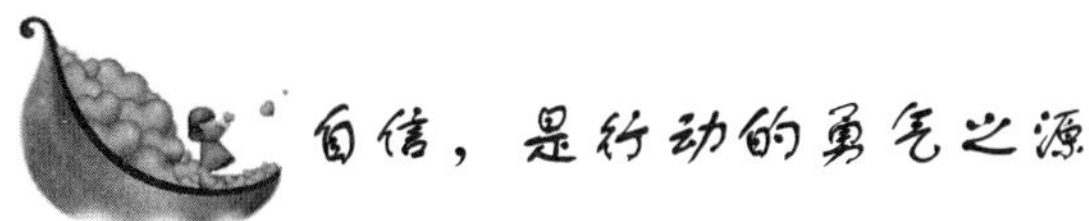

自信，是行动的勇气之源

自信，是行动的勇气之源。对自己充满信心，你才能获得一种行动的勇气，你才能在学习上克服困难，取得进步。凡是那些最终取得成就的人，最初都对自己充满了信心，如果一个人连自信也没有，那么他的人生还能从哪里获得力量呢？

罗杰·罗尔斯是美国纽约州历史上第一位黑人州长，他出生在纽约声名狼藉的大沙头贫民窟。那里环境破败不堪，暴力事件不断，是偷渡者和流浪汉的聚集地。在那儿出生的孩子，耳濡目染，他们从小就学会了逃学、打架、偷窃，长大后很少有人从事体面的职业。然而，罗杰·罗尔斯却是个例外，他不仅考入了大学，而且成了州长。

在州长就职的记者招待会上，一位记者向他提问：“是什么把你推向州长宝座的？”面对300多名记者，罗尔斯对自己的奋斗史只字未提，只谈到了他上小学时的校长——皮尔·保罗，接着他讲述了校长皮尔·保罗的故事。

1961年，皮尔·保罗被聘为诺必塔小学的董事兼校长。当时正值美国反叛文化流行的时代，他走进大沙头诺必塔小学的时候，发现这儿的穷孩子整天无所事事。这些孩子不与老师合作，成天旷课或斗殴，甚至砸烂教室的黑板。皮尔·保罗想了很多办法来引导他们，可是没有一个奏效。后来他发现这些孩子都很迷信，于是他在上课时就增加了一项内容——给学生看手相，他决定用这个办法来鼓励学生。

当罗尔斯从窗台上跳下，伸着小手走向讲台时，皮尔·保罗说："我一看你修长的小拇指就知道，你将来会成为纽约州的州长。"当时，罗尔斯大吃一惊，因为长这么大，只有他奶奶让他振奋过一次，说他可以成为五吨重的航船的船长。这一次，皮尔·保罗先生竟说他可以成为纽约州的州长，这着实出乎他的意料。他记下了这句话，心中顿时充满了一种自信的力量。

从那天起，"纽约州州长"就像一面旗帜，飘扬在罗尔斯的心中。罗尔斯的衣服不再沾满泥土，说话也不再夹杂污言秽语。他开始自信起来，这种自信给了他行动的勇气。在以后的40多年间，他每天都按州长的身份要求自己。51岁那年，他凭借不屈的信念和对自己的信心真成了州长。

也许有同学要问了，自信可以从别人的鼓励中获得吗？是的，如果没有鼓励，一个人往往很难找到方向，而有了鼓励，就如同一条船有了桨，他就会获得行动的力量和支持。很多同学不是没有自己的渴望，只是他们总是缺乏自信，总是做消极的自我暗示，认为那个目标对自己来说是不可能的，他觉得自己没有那样的实力，更没有那样的潜力，实际上这正是不自信的表现。当他这样去想，他的自信哪里能不丧失呢？自信一丧失，他哪里又可能拥有行动的勇气呢？

成功是一种选择

我们必须选择快乐，选择健康，选择安全，选择富裕。大量生

活中的事实告诉我们，成功是一种选择，而不是仅仅靠机会获得的结果。

拿破仑·希尔讲过这样一个故事：

一个名叫热佛尔的黑人青年，他在底特律的贫民区里长大。他的童年缺乏爱抚和指导，跟别的坏孩子学会了逃学、破坏财物和吸毒。他刚满 12 岁就因为抢劫一家商店被逮捕了；15 岁时因为企图撬开办公室里的保险箱再次被捕；后来，又因为参与对邻近的一家酒吧的武装打劫，他作为成年犯被第三次送入监狱。

一天，监狱里一个年老的无期徒刑犯看到他在打垒球，便对他说："你是有能力的，你有机会做些你自己的事，不要自暴自弃!"

年轻人反复思索老囚犯的这席话，做出了决定。虽然他还在监狱里，但他突然意识到他具有一个囚犯能拥有的最大自由：他能够选择出狱之后干什么：他能够选择不再成为恶棍；他能够选择重新做人，当一个垒球手。

5 年后，这个年轻人成了全明星赛中底特律老虎队的队员。底特律垒球队当时的领队马丁在友谊比赛时访问过监狱，由于他的努力使热佛尔假释出狱。

不到一年，热佛尔就成了垒球队的主力队员。

这个青年人尽管曾陷于生活的最底层，尽管曾是被关进监狱的囚犯，然而，他认识到了真正的自由，这种自由是我们人人都有的，它存在于自由选择的绝对权力之中。我们所有的人都有这种权力。

热佛尔也可以推脱说："现在我在监狱里，我无法选择，我能选择什么呢?"但他说的是："我能够做出决定。"

这种自由选择的权力是你作为自己生活的总统所拥有的最有力的工具，这种权力是区别人和动物以及其他存在物的特征。

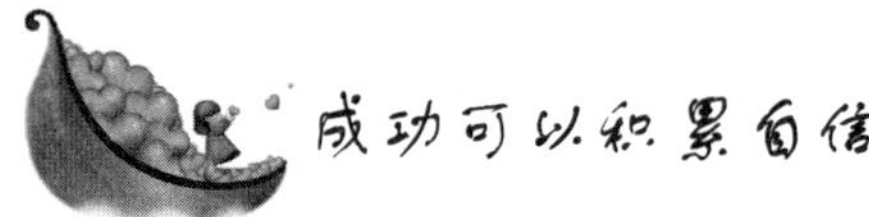

成功可以积累自信

人们常说："失败是成功之母。"因为失败可以让我们吸取教训，积累经验，提升自己。但是从另一个角度来说，成功的经历对于以后的成功也非常重要。心理学家告诉我们，信心是以成功的经历为基础而建立的。

我们是通过不断地取得成功，而逐渐积累自信的。没有成功的时候，我们没有自信。当我们第一次取得一点成就时，可能只有一点点信心。但是哪怕一点点成就，也能作为将来取得更大成功的跳板。

俗话说"好汉不提当年勇"，心理学家却提醒我们：若要建立充足的自信，经常回想一下"当年勇"，对我们是很有好处的。我们可以通过不断地回忆过去的成绩，来提醒自己优势何在，来赋予自己自信，去应付新的挑战。

可以说，成功能培养成功。这也是为什么拳击选手的经理在为拳师选择训练对手时非常谨慎，目的就是为了他们的成功经历能够呈逐渐上升的趋势。无论你做什么——学骑自行车、在公共场合发言或者做外科手术，都有这样的规律。

但是，大多数人是怎么做的呢？他们总是忘掉过去一切成功经历，却记住往日的失败。他们为此而自责、惭愧和懊悔，从而破坏了自信。

你过去失败过多少次并不重要，重要的是成功的尝试。你应该记住它、留住它、强化它。

每个人在过去的某一时间都曾经成功过。这种成功不一定是完成宏图大业，也可能是完成了一些生活中平常的事，比如：在学校遇到流氓欺负时，勇敢地站出来打败对方；参加知识竞赛时获胜；在与某个小伙子争夺心仪已久的女孩时胜出；某一次推销取得成功。

过去的成功也许不大，但是它对于你今后自信心的建立却可能有巨大的意义。你需要的是一种体验，即：你曾经成功地做了自己想做的事，成功地实现了自己设定的目标，你有了某种成就，而这种成就给你带来了某种满足感。

到记忆中追溯、重温那些成功的经历吧。要尽可能仔细地在想象中再现整个成功画面。你不仅要在心眼中看到成功的主要事件，而且要看到与成功相伴的一切偶然的、细小的要素：当时是什么声音？你所处的环境如何？当时在你周围发生着什么？现场有哪些物体？当时是哪一年？你感到冷还是热？诸如此类。你把画面回忆得越详细，效果就越好。

如果能回忆起过去某个时间你取得成功时的详情，你就会发现自己此时有了与当时一样的感觉和情绪。尤其是要努力回忆事件发生时你的感觉。如果你能回忆起当时的成功感觉，就能在现在激活它，从而使你充满自信。

在激起这种总体的成功感后，你要把它运用到你对重要推销任务、会议、演讲、业务等事件的想象中来。无论你现在准备干什么，都要将成功感付诸运用。用你的创造性想象向自己描绘：我应当怎样行动；如果已经取得成功，我会有什么样的感受。李开复曾写过一本书叫《做最好的自己》。我们应该记住自己最好的状态，保持那个状态，始终做“最好的自己”。

就是说，你要把自己过去大大小小的成功事件，录到心灵的“磁带”上。只要按一下“心灵遥控器”，就能把你成功的画面生动逼真地在心灵荧光屏上放映出来。你会看到一个充满活力、踌躇满志的自己，不断地听到“我一定能成功”的心声。长此下去，你便会知道如何发挥自身的潜能，一直拥有良好的感觉和成功的信念。

学着冒险，挑自己怕的事情去做

树立自信，可以通过向自己挑战、进行一定的冒险来实现。学着冒险吧，当你做了以前不敢做的事以后，会发现：原来做这事并没有什么了不起！这对提升自信心很有帮助。

西点军校是美国最有名的军校，培养了一大批杰出的军事将领。在西点各种体能训练当中，学生觉得最困难的就是拳击。很多学生就像一般人一样，脸上从来没有挨过拳，突然之间，他们感到了挨拳的威胁，必须赤裸裸地面对自己的恐惧。但是放弃是不可能的，假如逃离拳击台，可能会因此毕不了业。因此学生们必须学会面对恐惧、了解恐惧，同时体会如何应对恐惧的压力。

西点军校认为：战胜恐惧和成为负责的领导，是学生最重要的必修课。为了训练学员战胜恐惧，采取密集、重复的体能训练是十分必要的。值得庆幸的是，许多学员正是通过这样的训练，懂得了如何认识恐惧、面对恐惧、管理恐惧，最后战胜恐惧，并成为一个全面负责的管理者。

直面恐惧，勇敢地面对危险，满怀自信地去完成任务，是成功者的一种基本素质。训练自己在重要的关头能够临危不乱，保持自信，最好的办法就是在控制情绪的状态下反复练习。经常锻炼你的“冒险精神”，你的自信心会越来越强。

人的心理有这样的特点：当我们熟悉某件事或某种环境时，内心就不会存在恐惧；反之，我们感到没有把握，便会缺乏自信。

举个最简单的例子——开电视，我们不可能在某天突然担心自己不会开电视，因为这动作是天天做的，是从小到大都会做的，对我们来说是闭起双眼也能做的事情。

把这个道理套用到其他事情上也一样。在日常生活中，如果专挑困难的事着手，一一去克服，那么当你回头一看，便会觉得自己

的胆量大了，很多看法改变了。

日常生活中，通过在一些小事上练习勇敢精神，我们能培养出勇敢应对各种事件的信心。比如，以往不敢独自进入高级餐厅去，可以特意去试试，不去吃饭也可进去试试，之后你会发现，其实没有什么可怕的——人家又不会吃人！欢迎你还来不及呢。如果仍是怕，就重复再试，直至消除这种无谓的胆怯为止。

胆量就是这样逐步培养出来的。纵使将来遇上了你从未接触过的事，你也会有足够的信心去应付。

而对于有冒险性的事情，我们也可以通过“明知山有虎，偏向虎山行”的做法，专门去锻炼自己的胆量，从而提升自己的自信。

一次，邓小平同志带一个朋友去后山观光、散心。上山的时候，邓小平说：“我们先从这条路走，下山时我们再从另外一条路返回。”于是他们这样决定了。可是等到他们离开时，邓小平踌躇了一下，说：“我们还是从原路返回吧。”

那位朋友奇怪地问：“为什么呢？刚才不是说好从另一条路返回吗？”邓小平回答：“刚才上山时我们走的一条路，一边是悬崖。当时我走那条路时，心里有些害怕。但是我希望我能战胜我的恐惧，所以我要回过头去再走一次。”

这是因为，邓小平同志把自信心看得非常重要，哪怕是心底的一丝恐惧、一丝阴影，也要去战胜它们。当他从原路返回的时候，就是一个战胜恐惧的过程。

类似的，我们还可以参加一些户外活动，远足也可，求生训练也可，这种种与我们日常生活截然不同的环境，都能够增加我们的胆量和自信。

我们要训练自己，不断地适应人生旅程中所出现的“压力”和“障碍”。在一次次的磨砺中，我们将实现从量到质、从恐惧担忧到满怀自信的飞跃。

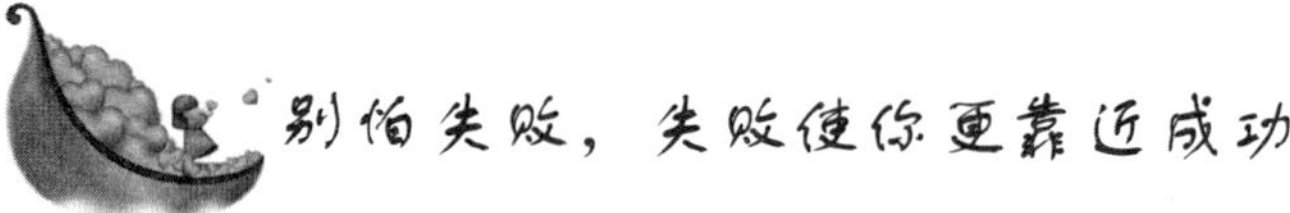

别怕失败，失败使你更靠近成功

看到别人成功时，我们往往看不到或注意不到，他们在成功历程上经历了多少曲折和艰辛。

好莱坞著名女演员将奥斯卡金像奖拿在手中、发表获奖感言时，我们不记得她出演过的那些失败影片，不记得评论家怎样挖苦她、社会怎样不接受她。当红作家的畅销书成为电视广播的热议话题、图书销售火爆时，我们不会想到他家里还放着多少鞋盒，里面塞满了被出版社拒绝的手稿或不太满意的草稿。

几乎每个辉煌亮丽的成功，背后都隐藏着一长串失望、灰心和羞辱。阅读名人传记，了解名人的过去，我们会发现，很多知名人士成名前的自身资质、外部环境并不好，他们经历了许多波折和失败，但是仍然继续努力，最后取得了成功。

比如，著名喜剧笑星小沈阳的成功，可以说是在苦水里泡出来的。童年的时候，他家里很穷，生活压力很大。小沈阳想早点挣钱养家，13 岁小学毕业就进了武术学校，没多久就因为交不起学费退学了。回到家里无事可做，小沈阳就跟着妈妈到处唱二人转挣钱。白天日头晒倒也还能挺得过去，晚上就苦了，照明就是用一根铁丝吊起一块浸了煤油的砖头，点燃之后浓烟滚滚，唱一会，眼圈嘴里就全成黑的了。更要命的是蚊子、蛾子全都扑过来，人在台上唱戏，身上叮一层蚊子也没机会打。

在铁岭，小沈阳的二人转学得顺风顺水，眼界一开，他就想要扩大事业，于是到全国各地去演出。

多年以后，小沈阳成了家喻户晓的明星，小沈阳的父母才知道，儿子在外吃了多少苦，受了多少罪。他的妈妈说："我们也是看电视才知道，儿子睡过车站，唱完了拿不着工钱，还挨过打……其实他不说我们也能猜出来，一个农村孩子走到今天这眼泪不知道得流多

少，苦不知道吃多少。”

再比如，有一个企业家曾在短短几年时间内购买了 18 种非常成功的新产品并向市场出售；38 岁那年，他使自己的公司从白手起家发展到资产总值高达 2 亿美元。他说，几乎没有人注意到他在同一时期内还买了其他 100 种产品向市场出售，但这些产品都亏损了。他是这样描述自己成功的秘诀的：通过失败取得进步更快。

多看一些名人成功背后的故事，我们会认识到：成功并不需要多好的先天条件；成功也不是一帆风顺的。

作为普通人的我们，其实条件并不一定比那些成功者差，甚至比许多成功者还要好。成功不是“超人”才能获得的。世界上不存在超乎寻常的天才，所谓天才都是“百分之一的灵感加百分之九十九的汗水”。如果我们自己付出足够的努力，也是完全可能成功的。

一个失败者不一定能转变成一个成功者。但一个成功者一定曾经是一个失败者。一个成功的人，他成功的历史，其实也是一部失败的历史。

和身边的成功者聊一聊他们的创业史吧。几乎每一个成功者都会向你道出他们辛酸而坎坷的奋斗史。你会发现，他的过人之处，不在于他们更加聪明，而在于他们具有百折不回的勇气。

永不言败和善于对失败进行总结，是成功者的基本特征。如果没有失败，我们就什么也学不到。爱迪生说：“失败也是我们需要的，它和成功一样对我有价值。只有在我尝试了所有的错误方法以后，我才知道做好一件工作的正确方法是什么。”

从某种意义上说，没有失败，就没有成功。在杰出的成功者眼里，失败有两重性，它既能给人带来损失和痛苦，也能给人带来激励、警觉、奋起和成熟。难怪哲人说：“失败的次数越多，离成功就越近。”

现在，许多有远见的企业家在选拔人才时，不仅重视一个人过去的成功，同时还重视这个人失败的经历。哈佛商学院的约翰·考科教授说：“我可以想象得出，20 年前董事会在讨论一个高级职位的候选人时，有人会说：‘这个人 32 岁时就遭受过极大的失败。’其他人会说：‘是的，这不是好兆头。’但是今天，同一个董事会却会说：‘让人担心的是这个人还未曾经历过失败。’”

失败从某种意义上讲，并非是坏事，因为每一次失败，都孕育着成功的萌芽，每一次失败都将使你更靠近成功。读一读成功者的奋斗史，你会发现，许多成功的人物并不像外表看起来这样超乎常人，他们也是普通人，也会犯许多错误，走许多弯路。关键是，他们站起来了，不断地向前走，追求自己的目标，所以后来他们成功了。而他们的成功为世人所瞩目，却忽略了他们所经历的许多失败。

第九章　摆脱自卑，别让自卑的泪水熄灭蜡烛

那些曾与残疾人一起工作过的理疗专家们指出，无论他们会有多大的缺憾感，那并不能必然地阻碍他们建立起比很多根本身无病痒的人更大的勇气和“自信”。

我们都伴随着自卑感而成长

那些曾与残疾人一起工作过的理疗专家们指出，无论他们会有多大的缺憾感，那并不能必然地阻碍他们建立起比很多根本身无病痒的人更大的勇气和“自信”。

有时，身体的残疾正是人们建立良好的自我意象的巨大推动力。曾经有位在童年意外事故中失明的人，成了他生活的小镇上的最有学问的人。他的诙谐和乐趣，使得人们争相为他诵读书籍。牡蛎壳中的沙砾是滋养珍珠必不可少的物质。卓别林以其弱小的身躯创造出举世闻名的喜剧。数年前，矮小的耶鲁队明星阿尔比·伯恩一人独进21球，彻底打败了哈佛队。虽说他没有高大的身材和坚实的肌肉，但他训练出的惊人的速度和娴熟的球技征服了所有的观众。戴维敢于用幼时牧羊练就的弹弓绝技与歌利斯的利剑比武。杰克以他的机智战胜了豆茎上的巨人。

世上绝大多数迷人的妇女并不是绝世的美人。克利奥派特拉长着大大的鼻子，伊丽莎白一世女王的脖子又细又长。斯塔尔夫人邋遢臃肿。传世的美人并不刻意渲染他人对己的兴趣。特洛伊的海伦的确拥有让数千艘轮船入海的漂亮脸蛋和身材。但是流传至今的传说中，没有一个让人感到她的迷人、善良和聪慧。

我们都伴随着自卑感而成长。我们出世时实在是太弱小了。生活既向我们提供了加强这些情感的机会，也为我们创造了克服它们的机遇。正是由于生活伤害了我们，所以它也哺育了我们、治愈了我们的创伤。

有时甚至伤害本身也能产生积极的效应。朋友的汽车不幸半路抛了锚，当我们听说后向他慰问时，他却告诉了我们一个数年来最欣喜的经历。当他走在一条僻静的乡村小道上找寻援助时，他发现了一个迷人的村庄。他从来不知道那儿有这么一个村庄。在那儿他发现了友好善良的人们。事实上，他从不幸的抛锚中得到了极大的乐趣。听罢他的故事，我们不禁希望自己也能摊上一次这样的经历。很多美国人在国外的旅行中，由于一些意外也经历了好多类似的愉悦体验。

当人们回忆起往日紧张冒险的经历时，常说："我再也不想遇到那样的事了，但有过那么一次也很不错。"由于失去了眼前的工作，人们或许进而发现了更能展现自己才华的新的岗位。很多经历了一次失败婚姻的人们，在第二次的婚姻中做到了白头偕老。

内科医生都明白，儿童时期曾患过的严重疾病对成年后的病变常常可以产生强烈的抗体。在 1918 年流行的传染病灾难中，美国军营里很多来自农场的高大强壮的年轻人死去了上万人，而那些来自城市贫民窟的骨瘦如柴的士兵却表现出了极强的抵抗力。这些人在童年时代遭受过无数疾病和身体的磨难，所以他们最终幸存了下来。

同样，早期生活中的情感创伤也能培养人们的坚强意志、敏锐的感觉和洞察力。例如，我们过去常常认为，父母的离异必定会给孩子造成伤害。如今我们认识到，离婚虽说会对孩子产生巨大的影响，很可能会伤害他们的情感，但情况未必总是那么的糟。父母的离异或是疾病使得某位亲人逝去，确实是极其苦痛的事，但我们也明白它们能使孩子变得更加成熟和坚强。困苦的确可以转变成人们生活中有利的成分。事实上，公司从银行借的钱越多、还钱越谨慎、它的信誉就越好。

我们无法从日常生活的每个细节中预测出什么将对我们最为有利。即使我们已经知道何者最为有利，我们也并不能将所有的梦想都化为现实。生活赋予了我们太多的机会。有时那些看似非常渺茫的事情也会以美好的结局告终。世上没有只交好运的人，也没有终身只与厄运为伍的人。有些人确实一个劲地遭受不幸，但是过多地抱怨社会对己不公的人，实际上是在抱怨对待自己是多么的不好。

男人往往力大无比、身手非凡，女人美若朝霞，能把稻草变成黄金，能用温柔驯服猛兽。我们因为喜爱自己，所以我们在心中不时自我加以点缀。我们常常对自己稍加赞许，就像褒扬心中的爱人一样。好在赞誉不会伤害人的心灵。

成大事者越认为自己和善亲切，就会越发友好地待人。成大事者越能接受自我和自我所有的缺憾，就越能接受自己所爱的人。对自己不满的人容易郁郁寡欢，对他人也容易发怒。

卑下与优越是一枚铜币的两面

《钻石宝地》一书的作者拉塞尔·H·康维尔发现，至少有95%的人，其生活多多少少受到自卑感之害，数百万不能成功与幸福的人，也受到自卑感的严重阻碍。

卑下与优越是一枚铜币的两面，只要了解这枚铜币本身是假造的，问题就解决了。

你应该认识到：你不“卑下”；你不“优越”；你只是“你”。

你身为一个人，不必与别人比较高下，因为地球上没有人和你一样。你是一个人，你是独一无二的，你不“像”任何一个人，也无法变得“像”某一个人，没有人“要”你去像某一个人，也没有人“要”某一个人来像你。

上帝并没有创造一个标准人，他使人类有个别独特之分，犹如他使每一片雪花有个别独特之分一般。

上帝造人，有高矮、大小、肥瘦、黑白、红黄之别，他并不偏好某个大小、形状与肤色。有一次林肯说过：“上帝一定爱普通人，因为他造了许许多多。”这句话错了，并没有所谓的“普通人”，人没有所谓“高级”或“普通”的格式。如果他说：“上帝一定爱不普通的人，因为他造了许许多多。”这句话或许更接近事实。

不要拿“他人”的标准来衡量自己，因为你不是“他人”，也永远无法用他人的高标准来衡量自己；同样的，他人也不该以你的标准来衡量他们自己。只要你了解这个简单、明显的真理，接受它、相信它，你的自卑感就会消失得无影无踪。

不要过分关心别人的想法。你过分关心“别人的想法”时，你太小心翼翼地想取悦别人时，你对于别人真正是假想的不欢迎过分敏感时，你就会有过度的否定反馈、压抑以及不良的表现。

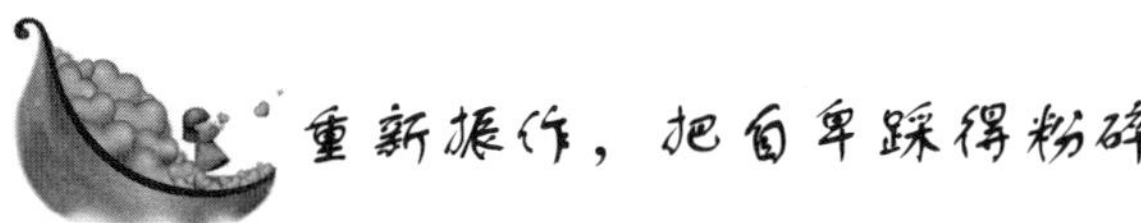

重新振作，把自卑踩得粉碎

有自卑心理的人总是用别人的眼光来过低地评论和挑剔自己，把自己限制在一个劣于他人的境地，认为自己与世间那些美好的事物无缘，给自己设置一连串的“不可能”：不可能像别人那样出色，不可能有那么大的作为，不可能取得那样大的成功……总认为自己渺小，做事情很少能够心中有数。其实，这个世界上，在你周围的人群中，比你强的并没有你想象的那么多。

丽莎是来自美国阿肯色州的学生，也是她所在镇里唯一来哈佛读书的人。在她准备启程到哈佛大学前，当地的人都为她能到哈佛上学而感到自豪，她自己也庆幸能有这样好的机遇。

但是，丽莎的兴奋劲还没过，就忽然对自己的感觉越来越糟糕了。她在哈佛过得很辛苦，上课听不懂，说话带土音，许多大家都知道的事自己却一无所知，而许多她知道的事大家却又觉得好笑。她开始后悔自己到哈佛来。她不明白自己为什么要到哈佛来受这份羞辱，同时更加怀念在家乡的日子，在那里，可没有人瞧不起她。

感到孤独无比的丽莎，觉得自己是全哈佛最自卑的人。无奈之下，她求助于心理咨询。

心理医生对她是这样诊断的：

她已跨入了个人成长的“新世纪”，可她对已经过去了的“旧世纪”仍恋恋不舍。

她对于生活的种种挑战，不是想方设法加以适应，而是缩在一角，惊恐地望着它们，哀叹自己的无能与不幸。

她对于能来哈佛上学这一辉煌成就已感到麻木不仁。她的眼睛

只盯着当前的困难与挫折，没有信心再去造就一次人生的辉煌。

她习惯了做羊群中的骆驼，不甘心做骆驼群中的小羊。

她以高中生的学习方法去应付大学生的学习要求，自然是格格不入，可她抱残守缺，不知如何改变。

她因为自己来自小地方，说话土里土气，做事傻里傻气，就认定周围的人在鄙视她，嫌弃她。可她没有意识到，正是因为她的自卑，才使周围人无法接近她，帮助她。

她生长在中南部地区，来东海岸的波士顿求学，面临的是一种乡镇文化与都市文化的冲突，她没有想到，哈佛对她来说，不仅是知识探索的殿堂，也是文化融合的熔炉。

她身材瘦小，长相平常，多年来唯一的精神补偿就是学习出色。可眼下，面临来自世界各地的“学林高手”，她已再无优势可言。

她长相平庸，学习又平庸，这就彻底打破了她多年的心理平衡点，使她陷入了空前的困惑中。她悲叹自己来哈佛是个错误。可她忘了，多年来，正是这个哈佛梦在支撑着她的精神。她虽然战胜了许多竞争对手进入哈佛大学求学，却在困难面前输给了自己的妄自菲薄。

她怨的全是别人，叹的全是自己。难怪她会在哈佛有自卑的感觉。她只有跳出往日光辉的“怪圈”，全身心投入“新世纪”，才能重新振作起来。

总而言之，丽莎的问题核心就在于：她往日的心理平衡点彻底打破了，她需要在哈佛大学建立新的心理平衡点。

丽莎陷入自卑的沼泽中，认定自己是全哈佛最自卑的人，这说明她过于扩大了自己精神痛苦的程度，看不到自己在新环境中生存的价值。所以心理医生一方面承认她当前面临的困难是她人生中前所未有的，所以她反映出来的情绪也是很自然的。同时，心理医生告诉她，对哈佛的不适应，产生种种焦虑与自卑反应，这在哈佛很普遍，并非只有她一个人。这使丽莎产生了“原来很多人也和我一样啊”的平常感。

所以，心理医生竭力让丽莎懂得在新的环境里，学会多与自己比，而不与别人比。如果一定与别人比的话，还要透视到别人在学习成绩、意志等方面不如自己的一面。理清学习中的具体困难，并制定相应的学习计划加以克服和改进。同时，让丽莎参加了一个哈佛本科生组成的学生电话热线，让丽莎在帮助别的同学的同时，也结交了不少新的知心朋友，更重要的是，丽莎在帮助他人的过程中，重新感到自信心在增长，感到哈佛大学需要她，她不再是哈佛大学多余的人了。

一系列的心理反差，使丽莎产生了自己是哈佛大学多余的人的悲叹。她没有意识到，自己之所以会有这样的心理反差，是因为以往与同学的比较中，她获得的尽是自尊与自信；但现在与同学的比较中，她获得的尽是自卑与自怜。

烦恼、羞怯、自卑是成长的绊脚石

美国参议员艾摩·汤玛斯小时候一点也不优秀，甚至很自卑，但他最后却克服了自卑，成为了著名的参议员。

他 16 岁时，经常为烦恼、恐惧、自卑所苦。就他的年龄说，他实在长得太高了，但却瘦得像根竹竿。他身高 6 英尺 2 英寸，体重只有 180 磅。虽然他长得很高，但身体却很弱，远无法和其他小男孩在棒球场上或田径场上竞争。同伴们开玩笑，喊他“瘦竹竿”。他十分忧愁，又自卑，几乎不敢见人，事实上他也确实很少与人见面，因为他们的农庄距离公路很远，四周全是浓密的树林。他经常整个礼拜没见到任何陌生人，所见到的只是他的母亲、父亲、姐姐、哥哥。

每一天，每一小时，他总是在为自己那高瘦虚弱的身体发愁，他几乎无法想到别的事情。他的难堪与恐惧如此严重，几乎难以描述。

他母亲知道他的感觉，她曾经当过学校老师。所以她劝他说：

"儿子，你应该接受高深的教育，你应该依靠你的头脑为生，因为你的身体不行。"

由于他父母没有能力送他上大学，他知道他必须自己奋斗。因此，有一年冬天，他去打猎，设陷阱，捕捉动物。春天时他把兽皮卖掉，得到了4美元，然后用那笔钱买了两只小猪。他先用流质饲料喂它们，然后改用玉米当饲料，第二年秋天把它们卖掉，得款40美元。带着卖掉那两只猪的钱，他离家进了"中央师范学院"——位于印第安纳州丹维市。他每周的伙食费是1.4美元，房租每星期是50美分。他身上穿的是母亲为他缝制的一件棕色衬衫。他也有一套西装，本来是父亲的——父亲的衣服不合他身。他穿在脚上的那双鞋子也是父亲的，同样不合他的脚——那种鞋子两侧有松紧带，你一拉时，它们就松开，但是父亲那双鞋子的松紧带早已没有弹性，顶端又很松，因此他一走起路来，鞋子差点就从他脚上掉下来。他觉得很不好意思，不敢和其他学生打交道，所以独自坐在房里看书。当时他最大的欲望，就是使自己有能力购买一些商店中出售的衣服，既合他身也不会叫他为它感到羞耻。

过了没多久，发生了四件事，帮助他克服了他的忧虑和自卑感。其中一件事，给了他勇气、希望和信心，并完全改变了他以后的生活。他把这几件事简单描述了一下。

第一件事：在进入师范学院只有八周之后，他参加了一项考试，获得一纸"三等证明"，使他可以在乡下的公立学校教书。说得更清楚一点，这张证书的期限只有六个月，但它表示某人对他有信心——这是除了他母亲之外，第一次有人对他表示有信心。

第二件事：一所位于"快乐谷"地方的乡村学校的董事会聘请了他，每天薪水2美元，月薪40美元。这表示有人对他更具信心。

第三件事：在他领到第一次薪水之后，他在店里买了一些衣服，穿上它们，使他不再觉得羞耻。如果现在有人给他100万美元，他也不会像当初花了几元钱买那些衣服时那样地兴奋。

第四件事：他生命中真正的转折点——他在克服忧愁和自卑感的奋斗中第一次胜利了，事情发生在印第安纳州班桥镇举行的一年一度的普特南郡博览会上。他母亲鼓励他参加一项公开演说比赛，那项比赛将在博览会上举行。

对他来说，这个念头真是幻想。他甚至没有勇气面对一人谈谈话，更不用说面对一群观众了。但他母亲对他的信心，几乎令人哀怜。她对他的前途有很大的梦想——她是为她的儿子而活。她的信心使他毅然地参加比赛。他选择了他唯一够资格演讲的题目：《美国的自由艺术》。

坦白地说，他刚开始准备时并不知道什么是自由艺术，不过无所谓，因为他的听众们也不懂。他将他那份演讲词全部默记下来，并对着树木和牛练习了不下一百遍。他急于在他的母亲面前好好表现一番。因此他是带着深厚的感情发表那篇演说的，不管如何，他得了第一名，他不禁呆了。听众中响起一片欢呼，那些一度讥笑他，称他为“瘦竹竿”的男孩子，现在拍着他的背说：“艾摩，我早知道行。”

他母亲搂着他，高兴得哭了起来。从他现在回顾过去时可以看得出来，在那次比赛中获胜，是他生命中的转折点。当地报纸在头版对他作了一篇报道，并预言他前途无限。在那次比赛中获胜，使他在当地声名大噪，成为人人皆知的人物，而更重要的是，这件事使他的信心增加了千百倍。

他现在很明白，如果他不是在那次比赛中得胜，他恐怕一辈子进不了美国参议院，因为这件事使他打开了眼界，扩展了他的视野，使他白自己拥有以前甚至不敢妄想的潜在能力。不过，最重要的是，那场演讲比赛第一名的奖品，是中央师范学院为期一年的奖学金。

那时，他渴望多受一点教育。因此，在以后几年当中——1896年至1900年——他把他的时间分为教学和学习两部分。为了支付他在迪保大学的费用，他曾经当过餐馆侍者，看过锅炉剪过草，记过账，暑假在麦田和玉米田工作过，并在公路工程中挑过石子。

在1896年，当时他只有19岁，他发表过28场演说呼吁人们投票选举威廉·杰宁斯·布利恩为总统。为布利恩竞选的那份兴奋情绪，引起了他自己步入政治圈的兴趣。因此，他进入迪保大学之后，

就选修法律和公开演说两门课程。在1899年，他代表学校参加和巴特勒学院的辩论赛，比赛是在印第安纳州波利斯市举行，题目为《美国参议员是否应由大众选举》。他另外又在一场演讲比赛中获胜，成为班刊和校刊的总编辑。

从迪保大学获得学士学位之后，他接受何瑞斯·葛里黎的建议——他没到西部去。他向西南方而去。他来到一个新地方——奥克拉荷马。在基俄革、康曼奇、阿帕奇印第安人的保留区公开放领之后，他也申请了一块土地，在奥克拉荷马的罗顿市开设一家法律事务所。他在州参议院服务了13年，在州下议院四年，当他50岁那年，他终于达成了他一生中的最大愿望：从奥克拉荷马被选入美国参议院。从1927年3月4日起，他一直服务于该职。自奥克拉荷马和印第安区成为奥克拉荷马州之后，他一直受到该州自由党的光荣提名——先是州参议院，然后是州议会，最后则是美国参议院。

想当初，在他穿着父亲的旧衣服，以及那双几乎要脱落的大鞋子时，那种烦恼、羞怯、自卑几乎毁了他的一生。

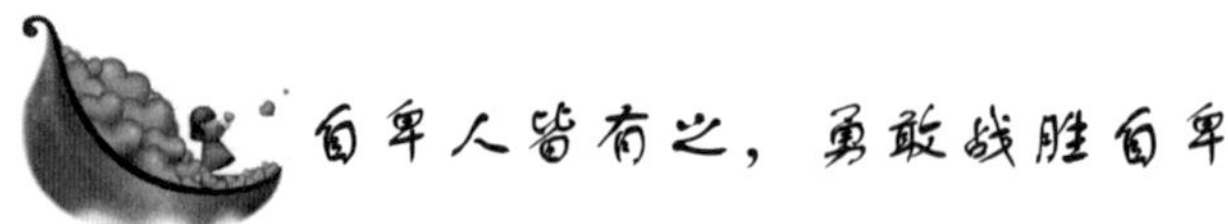

自卑人皆有之，勇敢战胜自卑

自卑的人总感觉处处不如别人，自己看不起自己，总是将“我不行”、“我没希望”、“我会失败”等话挂在嘴边。自卑的人往往自尊心极强，自卑与自尊经常会发生冲突，这种冲突会造成极其浮躁的心理。

谁都曾有过自卑的念头，但千万不要让这种危险的念头主宰了你，你要相信，你会战胜自卑的。

1951年，英国人富兰克林从自己拍得极为清晰的DNA（脱氧核糖核酸）的X射线衍射照片上，发现了DNA的螺旋结构，为此他还举行了一次报告会。然而富兰克林生性自卑多疑，总是怀疑自己论点的可靠性，后来竟然放弃了先前的假说。可是就在两年之后，霍森和克里克也从照片上发现了 DNA 分子结构，提出了 DNA 的双螺旋结构的假说。这一假说的提出标志着生物时代的开端，因此而获得 1962 年度的诺贝尔医学奖。

假如富兰克林是个积极自信的人，坚信自己的假说，并继续进行深入研究，那么这一伟大的发现将永远记载在他的英名之下。自卑者因为对自身的怀疑，常常不能正确地对待各种选择，因此往往会与机遇失之交臂。几十年前，他从乡下一所中学调到市委宣传部工作。被调到宣传部的主要原因，是因为他那时已在报刊杂志上发表了很多新闻作品。就在他到宣传部工作不久，一家中央级的报纸要在那个城市设记者站，要当地市委宣传部找一个合适的人选做记者站站长。这对于热爱新闻写作的他，当然是一个很难得的机会。但一想到自己刚到宣传部工作，资历浅，年纪轻，便没有了勇气。结果在部里召开的关于这项事情的“打招呼”会议上，他没有报名，因为他觉得自己在资历、年龄方面都不配担任这一要职。结果这一“美差”落入部里一个年龄较大的人身上。金无足赤，人无完人，勤可补拙，智可补陋，只要不自卑，命运之神便会光顾每一颗平常的心灵。

作家梁晓声在谈到女人自卑时曾说：“假如不漂亮，谈吐气质也是一种魅力；假如生就贫寒，聪明才智也是可观的财富。总之一句话，只要你愿意，你就可以是一个好女人。”其实对于任何人都是这样的，任何身份、条件上的原因都不可以成为我们自卑的理由，“世上没有神仙皇帝，解救我们的只有我们自己。”世界上许多成功人物之所以能做成大事，走的就是这条超越自卑的路。

我国著名的民营企业家罗忠福在福布斯富豪排行榜上赫赫有名，他的祖上曾经是著名的商人，罗忠福在少年时代曾为自己出身于资本家的家庭而自卑过。从中学时代起，他就开始饱尝被歧视、被批判的屈辱。读了半年大学，因为家庭成分问题而被当地卡住户口，被迫退学。20 岁时，他的父亲辞别了人世，母亲只好以给人看孩子、洗衣服、挑煤来维持生活。母亲被迫干这种粗重的工作，使敏感的他深深感觉到人生的耻辱。25 岁时，他被分配到一家小工厂当合同工；“师傅”竟以成分讥笑他：“会读书有什么用，还不是给我这个不会读书的人当学徒？”

命运的不公，使他深感自卑。一次，他在长江边徘徊，一待就是一天。他真想往长江中一跳，以死来解脱这折磨人的“自卑”与屈辱。正是这个自卑得不想活的年轻人，发愤寻找人生的新道路。当他从牢狱里出来时，已经40岁了，他从头开始，学习经商，不畏失败挫折，顽强奋斗十多年，终于成为亿万富翁，成为世界知名的民营企业家。

勇敢战胜自卑首先要承认，自卑情绪人皆有之。实质上，一个人并非在每个方面都能出类拔萃，因为天外有天，人外有人。所以在某些时候某些方面有不如意的感觉，产生自卑心理也是正常的，大可不必以此为耻而自暴自弃，更犯不着用狂妄自大、目中无人去掩饰，那只是自欺欺人。

战胜自卑就要正确地认识自我。尺有所短，寸有所长。每个人都有自己的短处，也都有自己的长处。如果我们以己之长去比别人之短，就能发掘出自信，可以在客观地认识短处和劣势的基础上，找出自己的长处与优势。

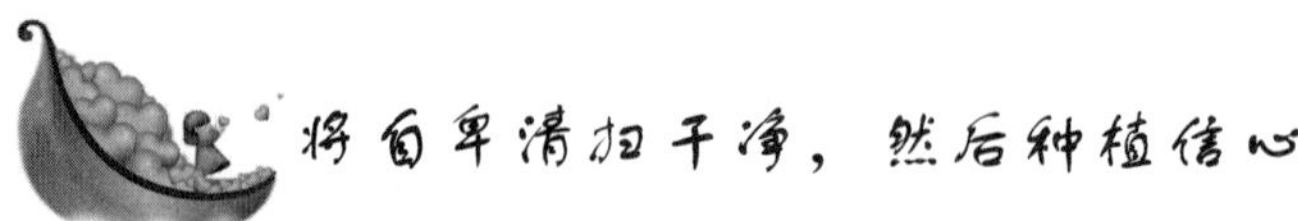

将自卑清扫干净，然后种植信心

我们看到的李阳总是充满了激情，在成千上万的人群前，张口就喊他的疯狂英语。作为人生激励老师，他常常在高等学府面对莘莘学子从容不迫、侃侃而谈，脸上写满了自信，甚至在春节晚会上也带着他的《疯狂英语》自信亮相。李阳说，自信不是天生的，他的自信就是后天培养起来的。

确实，李阳并非生来就是英语天才，而且也不是天生的自信。小时候，李阳害羞、内向、不敢见陌生人、不敢接电话、不敢去看电影……父母曾断定他没出息，“长大只有去淘大粪”。

1986年，李阳考入兰州大学，生活依然没有出现亮色。第一学期期末考试中，李阳名列全年级倒数第一名，英语连续两个学期考试不及格。大学第二个学期即将结束，李阳已是13门功课不及格。于是，李阳天天顶着凛冽的大风，扯着嗓子大喊英语句子。从1987年冬一直喊到1988年春，四个月的时间，李阳重复了十多本英文原版书，背熟了大量四级考题。李阳的舌头不再僵硬，耳不再失灵，反应不再迟钝。在当年的英语四级考试中，李阳只用了50分钟就答完试卷，并且成为全校第二名。

初尝成功的李阳，从此开始迈上奋发进取的人生道路。他发现，自己性格的弱点在大喊的过程中被击碎了，精力更加集中，记忆更加深刻，自信逐渐建立起来。我们每个人都知道，自信是所有成功人士必备的素质之一，要想成功，首先必须建立起自信心，而你若想在自己内心建立信心，即应像洒扫街道一般，首先将相当于街道上最阴湿黑暗之角落的自卑感清除干净，然后再种植信心，并加以巩固。下面是奥格·曼狄诺总结的克服自卑的方法：

1．分析自卑原因

首先，你应观察自己的自卑感是由什么原因造成的。你会发现原来自己的自我主义、胆怯心、忧虑及自认比不救他人的感觉小时候就已存在，而自己和家人、同学、朋友之间的摩擦往往是由自卑的消极心态造成的。若对此能有所了解，则你就等于已踏出克服自卑感的第一步了。为了证明你不再是小孩，你若能将小时候不愉快的记忆从内心清除，即表示你向前迈进了一步。

通过全面、辩证地看待自身情况和外部评价，认识到是人不是神，既不可能十全十美，也不会全知全能这样一种现实。人的价值追求，主要体现在通过自身智力，努力达到力所能及的目标，而不是片面的追求完美无缺。对自己的弱项或遇到的挫折，持理智的态度，既不自欺欺人，也不将其视为天塌地陷的事情，而是以积极的方式应对现实，这样便会有效地消除自卑。

2．写下自己的才能与专长

你不妨将自己的兴趣、嗜好、才能、专长全部列在纸上，这样，你就可以清楚地看到自己所拥有的东西。另外，你也可以将做过的事制成一览表。譬如，你会写文章，记下来；你善于谈判，记下来；你会演奏几种乐器，你会修理机器等，你都可以记下来。知道自己会做哪些事，再去和同年龄其他人的经验做比较，你便能了解自己的分量。

3. 面对自己的恐惧

请牢记，对自己绝不可放纵，你应正视自己的问题，从正面去试试解决。譬如你害怕在大庭广众前发表意见，就应多在大庭广众前与人交谈；如果你为了加薪问题想找上司谈判，但因心生胆怯，事情一拖再拖，一直无法获得解决，建议你不妨一鼓作气走到上司面前，开门见山地要求加薪，相信结果一定比你想象的还好。因此，如果你现在心里有尚未完成而需要完成的事，切勿迟疑，赶快展开行动吧！

4. 努力补偿

通过努力奋斗，以某一方面的突出成就来补偿生理上的缺陷或心理上的自卑感（劣等感）。有自卑感就是意识到了自己的弱点，就要设法予以补偿。强烈的自卑感，往往会促使人们在其他方面有超常的发展，这就是心理学上的“代偿作用”。即是通过补偿的方式扬长避短，把自卑感转化为自强不息的推动力量。耳聋的贝多芬，却成为了划时代的“乐圣”；解放黑奴的美国总统林肯，补偿自己不足的方法就是通过教育及自我教育。他拼命自修以克服早期的知识贫乏和孤陋寡闻，他在烛光、灯光前读书，尽管眼眶越陷越深，但知识的营养却对自身的缺乏作了全面补偿，最后使他成了有杰出贡献的美国总统。贝多芬从小听觉有缺陷，耳朵全聋后还克服困难写出了优美的《第九交响曲》。

许多人都是在这种补偿的奋斗中成为出众的人物。天下无人不自卑。通往成功的道路上，完全不必为“自卑”而彷徨，只要把握好自己，成功的路就在脚下。

超越自卑，自卑是心灵的迷雾

自卑来自心灵的迷雾，它一旦进入你的内心，就像虫子一样在你的体内争抢食物中的营养，吞噬心灵，最终使心灵残缺不堪，毁了一个人的生活与未来。

有一个女孩，她曾深陷自卑的心态当中，但后来她通过自己的努力和调整，终于战胜了自卑，将自卑从体内赶走，成为一名自信的女性。以下是她的自述，是她对于自己成长过程中心路历程的一次总结。

“高中三年的自卑情形至今历历在目，当然现在看起来似乎有些可悲可笑。这一段痛苦的经历使我深深地体会到，自卑是阻碍前进的大敌，是走向成功的绊脚石。它有如腐蚀剂，麻醉人的意志，瓦解人的斗志，让人不战自溃，无心进取。但有意思的是，无论是在初中还是高中，我都遇到过有自卑心的同学：有的因学习成绩不理想而抬不起头，心情压抑；有的因为生活条件不如人而觉得低人一等；有的因为自己外貌上的缺陷而伤心；因此，如果不正视自卑情绪，并努力战胜和克服它，要想做出一番事业，顺利到达成功的彼岸是很难的。”

“高中的三年，是我克服自卑、超越自卑的三年。这期间，我有意识地剖析自己的性格特点，有针对性地采取措施克服自卑的心理，强化自己的自尊心和自信心，树立积极进取的健康心态。因为克服了自卑心理，这个世界终于重新对我绽开了笑脸。”

“上高中时，我主动要求在班会时承担为全班同学读报的任务。要知道，跨出这一步多么不容易，原来我可是个和别人说话就脸红、非常自卑的女孩子啊！我第一次上讲台的时候，同学们都诧异地看着我，待明白了老师的意图后，都对我投以信任和鼓励的目光。虽然最初也不免慌张，但时间一长，我也习惯了，不怯了。同学们都说我变化太大了。我也发现这对于我树立自信心，改变原有的自卑心理大有裨益。就是凭这样一次次小小的成功，我最终战胜了自己。”

最后，她以她自己的亲身体验道出了她是如何成功战胜自卑的：

1．超越自卑，首先要正确地认识自己和评价自己。每个人都是既有优点又有缺点的。自卑者要学会正确看待自己的优缺点，努力发现自己的可爱之处，学会欣赏自己的优点和长处。有一名同学原来总因自己太普通、不受重视而自卑。有一天，学校组织为一个身患绝症的同学募捐，他毫不犹豫地走上前去，倾其所有，引来同学们又惊讶又敬佩的目光，大家好像是第一次认识他。可他回到宿舍哭了。后来他告诉同学，他根本没想过要表现自己，却意外地发现了连自己也不曾注意到的闪光点。他逐渐明白了，要想得到别人的青睐和欣赏，首先要肯定自己。凭着这种悟性，他走出了自卑的怪圈，学习成绩不断提高，赢得了老师和同学们的喜欢。

2．超越自卑，要尊重现实，确立合适的奋斗目标。如果你不善言谈，但却期望自己在辩论会上成为一个口舌如簧的雄辩家；你生性腼腆，却期望自己在周末的文艺晚会上一鸣惊人，那你注定要饱尝受挫的滋味，因此确立合适的目标是非常重要的。

3．超越自卑，还要学会科学地比较。自卑的同学老喜欢把自己和他人比较，这本来无可厚非，但关键是要学会正确的比较方法。习惯于用自己的缺点与别人的优点比，以己不足和他人之长相对照，肯定只会长他人志气，灭自己的威风，最终落进自卑的泥潭，失去前进的动力。当然，也不能从一个极端走向另一个极端，老是用自己的长处去比别人的短处，这样容易唯我独尊，总觉得自己比别人高出一等，产生洋洋自得、不可一世的心理。这两种情况都是阻碍成功的大敌，需要我们重视。我们既不要因与他人比较而失去信心，也不要觉得高人一等而沾沾自喜。通过科学的比较，要能发现自身的长处，找到自身的欠缺与不足，比出信心，比出勇气，为自己的成功增添动力。

4．超越自卑，就要根据自己的欠缺与不足，有意识地加以改进，努力使自己成为一个全面发展的学生。大凡在事业上作出突出成绩的人，在这方面都做得很好。日本前首相田中角荣天资聪颖，但中学时患有口吃的毛病，这给他带来巨大的苦恼，他因此变得自卑、羞怯和孤僻。有一次上课，他的同桌捣乱，教师误以为是田中干的，当田中站起来辩解时，竟面红耳赤、说不清楚，老师更加认定是他做错了又不承认，别的同学也嘲笑起来。这件事对田中刺激很大，他回到家，分析自己口吃的原因主要还是来自个人的自卑。从此，他时时鼓励自己在公共场合发言，主动要求参加话剧演出，并经常练习，终于克服了口吃的毛病，为他走上职业政治家的道路奠定了基础。

这名女孩最后总结道："清醒地认识自己，保持一份不满足感，别把时间浪费在自卑的嗟叹中，而致力于完善自我、不断前进的努力中，这样，我们就会感到：自卑并非不可战胜。"

虽然自卑可以成为心灵的"腐蚀剂"，但只要通过自己的努力，找到有效的方法，就可以成功地克服自卑，将自卑从内心赶走，让自信的阳光照亮心灵的每个角落。

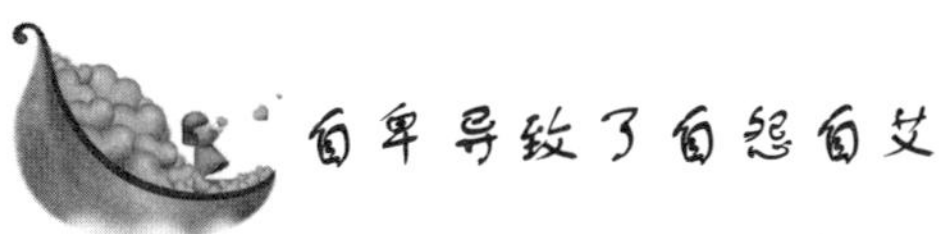

自卑导致了自怨自艾

既然我们已经认识到自己确实存在自卑，我们就不用欺骗自己，或自怨自艾，而要真诚地去面对它，力争用最好的方法来加以克服，这样我们就能获得许多意外的收获。

为什么别的同学那么优秀，而自己怎么学也考不了好成绩？为什么别的同学每天都有家长接送，而自己却要孤零零地一个人回家？为什么别的同学都能结识那么多玩伴，那么快乐，而我却孤身一人，没人愿意跟我坐一起？……

也许你深受这些烦恼的纠缠，也许你感到自己什么都比不上别的同学，似乎自己没有什么优点，似乎自己总是悲伤地度过每一天。

如果你有这样的一些想法，那么，你就要告诉自己，你一直在自怨自艾的心态当中，已经不能自拔了。这种心态让你心生自卑，让你逃避自己，让你缺乏自信，甚至让你抬不起头来。但是，你要记住，这些消极的心态都是不利于你自身的成长的，它们只会让你越来越痛苦，让你的生活越来越远离快乐。

自怨自艾，几乎每个同学都有过，但每个同学总有不如别人的地方，既然如此，你就自然有强过别人的地方。自卑导致了自怨自艾，这时我们要做的，就是学会勇敢地面对现实。

任何时候都要自信，即使自己在某些方面的确不如别人，但如果经过努力，你也可以在别的方面胜过他人。面对自己的不足时，关键要能够扬长避短。一个身体素质不太好的人，就不必在体育方面有过多过高的期望，适当转换一下思路，在心智活动方面发现自己的特长。俗话说“条条大道通罗马”，每个人的梦想都是五彩缤纷的，实现梦想的途径也有很多条，不能因为某一方面的失利，便不再渴望自身能力的发展。

不少同学在长大后也许会这样回忆自己的从前：“我初中一毕业就得工作，赚钱养家”“我一点办法也没有。”“我小时候得了小儿麻痹症，我没法和普通人一样走得那么好，也不希望找到什么好工作。”“我渐渐老了，我的生活越来越单调枯燥”……有以上这些想法的人似乎很多，他们看不到生活积极的一面，总是纠缠于消极的一面，所以也总是认为自己不如别人，像这样的人怎么可能不自怨自艾、不自卑呢？

“不要期望我什么”和“我无能为力”是自怨自艾的人常说的两句话。当然，他们还有别的类似的言行，比如老是谈自己碰到的问题，或一直想自己的困扰，时时想赢得别人的同情，“没有人知道我的苦衷”，是自怨自艾的人最普遍的反应。也许这些话你没有说出来，但心里已经这么去想了。

然而，这么想的后果是什么呢？你要知道，遇到不顺心不如意的事情就自怨自艾的学生，其实是把自己逼向死角。在生活中，每个人都会碰到许多困扰，但有些学生的遭遇的确令人同情。汶川地震中那些瞬间就失去了亲人和伙伴儿的孩子们，他们是怎样面对命运的打击的呢？是的，他们哭泣，他们悲痛，他们幼小的心灵简直难以接受这一沉重的打击，但是，他们哭过之后就擦去了眼泪，悲痛之后就忍住了悲伤，将眼光放到未来，用自信和毅力决心重建家园！汶川地震给他们带来了悲伤，同时也照亮了他们的内心，让他们懂得在灾难和挫折面前，不屈服，不妥协，不怨天尤人！

每个人都有自己的优点，有的能看见，有的则看不见，比如你的潜能，在你没有发现它之前，你认为你没有这一潜能，但是一旦你用心去发掘，你就会发现自己也能走出自己的一条路来！多多发掘自己的潜能吧，然后好好去做。

你常会因为信心不足而犹豫。但你要知道，自怨自艾是一条死胡同，是成长中的一个陷阱，如果你不尽早抛弃这一念头，你便难以找到自己的出路，你身上的优点和潜能便无法发挥出来。

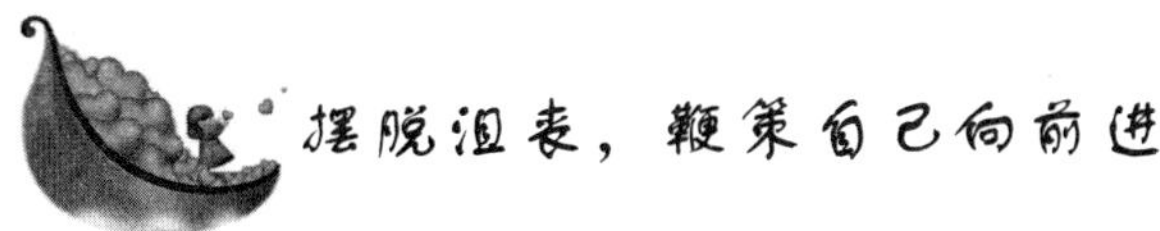

摆脱沮丧，鞭策自己向前进

一个成大事的年轻人曾当过推销员。公司教给他的推销术可算是天衣无缝，似乎每个人听到他三寸不烂之舌说出的话，都会乖乖掏腰包。结果完全不是这么回事，他竟然一再受挫，对他打呵欠、向他喊穷的大有人在，他真是沮丧极了。慢慢地，他明白了问题所在——他该学的不是如何推动他人，而是如何不让他人影响自己。

有时他沮丧得想找老板痛哭一场，结果发现老板比自己还沮丧。周遭所有的事与人，都令他情绪低落，工作、老板、朋友、妻子无一例外，因为所有人与事，都让他想到自己的失败。但是这些刺激无疑都是正面的，你不得不面对现实，去解决问题，困境便化为乌有了。

天下没有克服不了的障碍，只要你能勇往直前。深信生命中的每件事情都能刺激你实现目标。有人问我如何寻找正面的刺激，智者的回答是：我让它找上门来。有些人能投入工作，却不懂合作之妙，有些人正好相反。

有这样一个故事。

有个足球队员非常懒惰。他喜欢穿漂亮的球衣，喜欢出风头。喜欢听欢呼声，但始终不爱练球，不爱锻炼体力，比赛时也不肯全力以赴。

一天，教练拿着一封电报来找这个球员，是他母亲发来的。“念给我听吧。”他说，他甚至懒得自己看。教练念了：“你父亲病故，速回。”这个球员呆住了，当夜他便离队回家。

不久之后。他归队了，这时球队正忙着参加一项重要的比赛，冠军决战那天队中伤兵累累，教练正苦于无法调度，这位球员竟一反常态，努力争取上场的机会。教练对他没有信心，但迫于形势，只好勉为其难地让他上场。

不料这位球员上场后，竟然有如神助，连连得分，为球队赢得胜利。赛后教练不解地问他，为什么有这么好的表现，他说：“我父亲是盲人，生前他看不到我的球赛，现在他可以看到了。”

人生若能像球赛，两旁有人欢呼加油，我们一定会更加振奋。有时我们饱受折磨，只想停下来大呼：“我不干了。”如果此时有人给我们打气（不管他在哪里），该有多好。

然而人生毕竟不是球赛，反倒像个战场，你没有观众和啦啦队，有的只是敌人和同志。我们都在奋斗，知道如何行动的人不需要啦啦队，他的心里自有鼓励的声音。让你自己的心鞭策你向前进，这才是最可靠的。

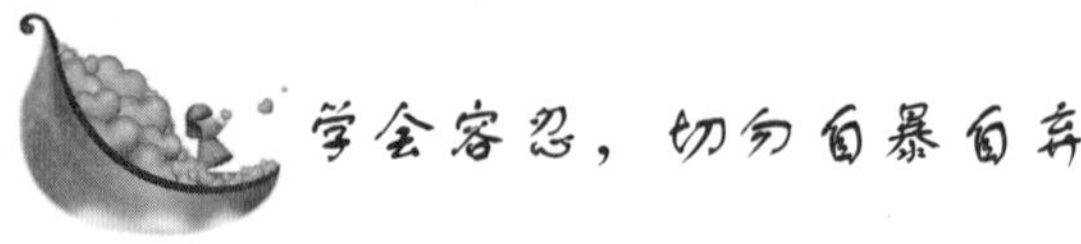

学会容忍，切勿自暴自弃

如果你生下来就有音乐天赋，又曾在乐器上下了 10 年的功夫，每天聚精会神地练习三四小时，后来，你成为公认的音乐家；你用你的音乐才能，赚到了大学学费，你在大学医科选定外科专业专心学习，希望将来为病人提供良好服务，同时，你又热切地盼望着用音乐做你的副业，将来有机会服务社会。

但是不幸得很，正在这样热切地期待着美好未来的时候，你的身体忽然受到汽车的猛烈撞击，你的双手被撞坏——你在外科和音乐上的才能完全丧失了。

这时候，你该怎么办？

如果除了音乐才能以外，你还有演说的天赋，现在对外科和音乐事业既然已经绝望，于是你日夜训练，想使自己成为一个演说家、教育家。经过几年的训练和研究之后，你又实现了你的理想，可以赚到很多钱了，正在这时候，你却得了胃溃疡，于是你不得不住进医院，经过 12 个月治疗以后，病虽然好了，但你的体重却减轻了 1/3，需要再休养几个月才能复原。

这时候，你又该怎么办呢？

以上两个问题，都是实在发生的，都是杰恩先生自己经历的现实情形。

上天既赋予杰恩先生以音乐和演说才能，同时又给予他猛兽般不屈不挠的精神，所以尽管遇到这样悲惨的情形，他却从没有过放弃的念头。

当然，在这两种情形之下，他也曾有过失望，这与一个人倾其所有，投资新建一家工厂，在工厂即将开工，与保险公司谈妥、参加保险之前，半夜里忽然被人唤醒，被告知他的一切都在半夜的冲天大火里化为灰烬的情形一样。

但是，自怜于事无补，这时，他想到了小时候曾经发生过的一件事。

在很小的时候，他母亲先是患伤寒、继之肺炎、而后则二者兼有，最后又患了脑膜炎。医院和医生的记录证明，在医疗史上，他母亲的昏迷时间算是最久者之一了。母亲就这样一天天、一月月昏迷着，虽然每天他都要走到她病榻前，乞求她睁眼看一眼他，但他得到的永远是失望。

有一天晚上，父亲先后请来了七位医生，大家都说母亲无望了。将近半夜的时候，他们的家庭医生告诉父亲说，母亲的生命维持不到天亮了，让父亲预备后事。听到这个悲惨的消息，他绝望地大叫一声，跪在父亲的脚边，抱着自己的踝骨，哭了起来。父亲立即抱起他来，他要他站起来，他却站不稳，只是哭个不停。父亲看见这个情景，严肃地望着他，对他说道："儿子啊，这是人类不得不勇敢地站起来去面对的困难啊。"

在杰恩先生的儿童时期，父亲曾多次体罚他，想给他生活上的教训，但是，在他一生所受父亲的许多积极教育中，无过于在母亲的生命绝望的那个夜晚得到的了。

时间又过了13年，他被汽车撞坏双手，他对理想和前途完全绝望了，他不知不觉又回到了母亲病危的那个夜晚，他忍不住哭了起，来。但是他的耳朵里忽然听到了父亲的声音："儿子啊，这是人类不得不勇敢地站起来面对的困难啊。"于是，他勇敢地"站"了起来。

25年来，杰恩先生到处演说，到处播音，鼓励那些处于困境的人们。他曾遇到很多男女老少，到他这里来畅谈他们的不幸和悲伤，其中有许多人说："实在没办法了，我只有准备自杀了！"

但是，难道真的没有办法了吗？事实上，这不过是他们甘心自弃罢了！

假如你感到你的命运、你的生活，实在太难堪，实在难以维持下去，那么请你暂时容忍一下，切勿自暴自弃。让我来告诉你我认识的一个女孩的故事。

她姓卡西第，名叫珍妮，住在离我家不是很远的地方。小时候，她受到脊椎病的打击，因此在清醒的时候，她感到的永远是痛苦，她经常疼得不自觉地长时间呻吟，有时甚至失去知觉。

虽然处于这样可怜的境地，她却不愿意和社会隔绝，所以每天她的母亲总要读些时事给她听，尤其是本地新闻。

一天，她的母亲读到一篇评论，其中讲述了许多女人的不幸遭遇，比如夏天她们也不得不在工厂连续工作10小时以上，而所得的报酬还不能糊口之类。她听完这篇评论之后，竟忘记了自己的痛苦，她对母亲说道："妈妈！我不能像别人那样享受幸福生活，但我必须做些事情。我想乡村中应该有一种组织，使这些穷苦的人，可以得到一两个星期的休息，愿意工作时还可以得到工钱。"

母亲很愿意听她的话，所以在那年夏季，在附近一个美丽的乡村，她母亲设立了"卡西第·珍妮夏季健康营"。第一年因为房屋有限，去的人不多，到了第二年，在建造了许多宿舍后，于是就有几千名女人在那里享受了两个星期天堂般的生活。

第三年夏天，她听到有关夏季健康营的许多故事，也收到了许多感谢她的信件，因此她对母亲说，她想去看看她的夏季健康营，她母亲和医生都劝阻她，因为长距离活动，她的身体可能无法承受，但是，她还是决定去。

当地的报纸编辑、记者，知道她为穷苦女人谋福利，早已经发表了很多赞扬的报道，现在又听说她要去访问健康营，便在报纸的头版刊载她的勇敢和利人精神。电车公司的经理看过报纸后，去看望她，愿意备专车到她住宅最近的地方接她上火车；而铁路公司也愿意专车送她到健康营所在的小站；还有四个青年自告奋勇，愿意抬着她，沿途照料她，借以减少她在路上的痛苦。

就这样，她到了目的地。这次参观的后果是，因为兴奋过度，身体承受不了劳累，她因此不幸去世。

她所在城市的长者，曾经见过美国最伟大人物的葬礼：成群结队的人们跟在那位大人物的遗骸后面，将他送进美丽的山穴坟地。但是，你如果问他们，在本城里见过的出丧排场最大的是哪一个？能引起全州人注意的出丧是哪一次？

我敢担保，他们一定会异口同声地回答："是小珍妮的。"

"卡西第·珍妮夏季健康营"至今仍然存在着，那是一个极有理由放弃却不甘放弃的伟大女子的纪念碑啊！

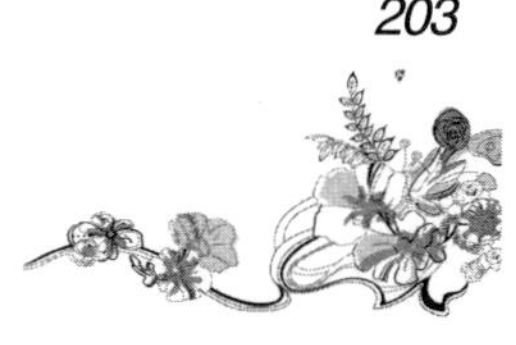

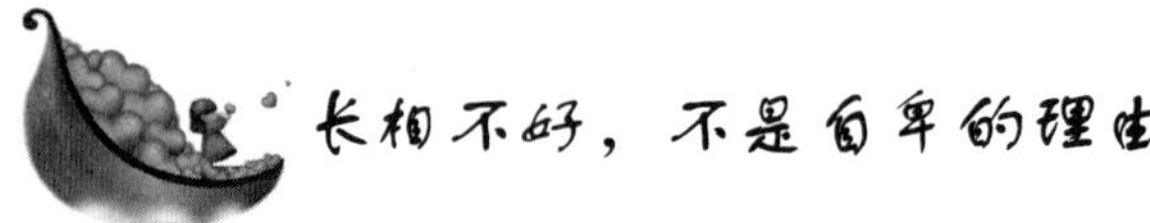

长相不好，不是自卑的理由

俗话说，“爱美之心，人皆有之”。人际交往中往往存在着这样的循环：越是漂亮的人，人们给予他（她）的关注越多，他（她）就越乐意与人多交往。而容貌平凡的“丑小鸭”因为得不到关注，在心理上所遭受的挫折也就越大，导致他（她）更加缺乏与人交往的勇气。

这种恶性循环，使得许多长相不够漂亮的人对自己的相貌产生自卑，结果在社会交往中，虽然有足够的能力，却缺乏应有的自信。

张小萱就是这样的一个女生。张小萱今年 25 岁。现在跟她最亲密的要算她那面小镜子。每天只要一有空，她就把小镜子拿出来仔细端详一番。

张小萱长得并不难看，起先她也是抱着一种自我欣赏的态度来照镜子的。不过日子一久，她开始对自己的相貌“横挑鼻子竖挑眼”起来，发现自己的五官都“不甚理想”：眼睛过小了，嘴巴又太大……

这样，每天照镜子她都很懊恼。她埋怨父母把不良的基因遗传给了自己，让自己无“脸”见人，为此，心中总升起一阵阵的惆怅……

现实生活中像张小萱这样的人恐怕不少。许多人总觉得自己长得不够“理想”，遗憾自己的爹妈怎么没把自己生得像电影明星那样。当遇到比自己漂亮的人，就自惭形秽，自信心受到打击。长相上的缺陷包括哪些呢？比如胖、矮、皮肤黑、汗毛重，嘴巴大、眼睛小、头发黄、胳膊细，脸上长了青春痘，统统都是不满意的理由。但是，长相不够好，应该是自卑的理由吗？

当我们把目光转到那些自信的人身上时，便会惊奇地发现：上帝并没有对他们宠爱有加，让他们完美无瑕，其实他们身上的种种

缺陷也可怕得很——拿破仑矮小，林肯丑陋、罗斯福残疾、丘吉尔臃肿——哪一个不是相貌上的大缺点呢？但是他们却有着辉煌的一生！

如果说他们是伟人，我们只能仰视，就让我们来看看周围的同事、朋友吧。你可以毫不费力地发现许多人相貌一般甚至在平均水准以下，但是你也会看到他们活得坦然自在，或者非常成功。自信使他们眉头舒展，腰背挺直，连皮肤都发出光芒！

第十章　克服弱点，改变自己活出自信

卡耐基已经成为美国文化在世界的一个标牌。之所以很多人从卡耐基那里获得力量，是因为卡耐基本人也走过了一个从不自信到自信，从迷茫到坚定的一个过程。

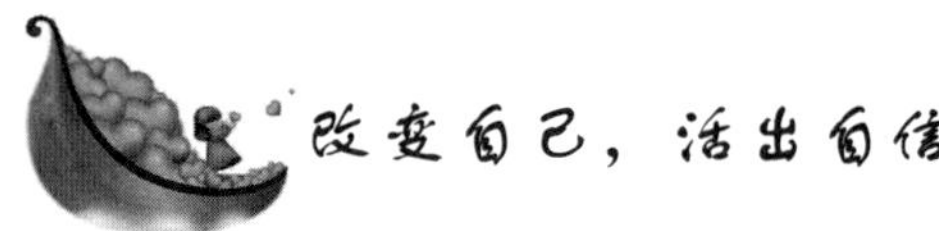

改变自己，活出自信

1888 年的今天，美国著名人际关系学家和心理学家戴尔 · 卡耐基诞生。他一生致力于人性问题的研究，开创并发展出一套独特的融演讲、推销、为人处世、智能开发于一体的成人教育方式。接受卡耐基培训的社会各界人士，有许多军政要员，甚至包括几位美国总统。

卡耐基已经成为美国文化在世界的一个标牌。之所以很多人从卡耐基那里获得力量，是因为卡耐基本人也走过了一个从不自信到自信，从迷茫到坚定的一个过程。

小时候，他调皮捣蛋并且胆小怕事。有一天母亲在花园里埋种子，他为此好几天睡不着觉并且哭泣。母亲问他原因，他说："我担心自己会不会像这种子一样，被活活埋在泥土里。"后来，卡耐基回忆说自己担心的事有 99% 都没有发生。

上大学期间，他加入了一个演说协会，但他没有演说的天赋，参加了 12 次比赛，屡战屡败。30 年后，卡耐基谈及第一次演说失败时，还以半开玩笑的口吻说："是的，虽然我没有找出旧猎枪和与之相类似的致命东西来，但当时我的确想到过自杀。我那时才认识到自己是很差劲的。"

卡耐基的职业道路也充满了坎坷，他做过多种职业但都不成功。他最初的目标，是想获得学位后回家乡教书，但是教书的薪水不会很理想。大学快毕业的那年，卡耐基发现同班的一个同学在暑假为国际函授学校推销函授课，每周所得的钱，比他父亲的辛勤所得还高出四倍。于是他放弃了回家的打算，转而来到该国际函授学校总部所在地的丹佛市，找到一份推销员的工作。后来他又到南奥马哈，为阿摩尔公司贩卖火腿，肥皂和猪油。本来他的推销工作很成功，

但他又想学习演戏。于是在1911年，他到纽约美国戏剧艺术学院学习。一年以后，他感到自己并不具备演戏的天才，于是又回到推销的行业里，为一家汽车公司当推销员。

在这个时候，经过了一系列波折之后，卡耐基依然很怀疑自己的能力。据说，一位买车的老者改变了卡耐基对于人生和职业的认识。

有一天，一位老者来到卡耐基所在的汽车公司，卡耐基照例向老者推销汽车，讲各种车和开车的种种好处。老者回答他说："无所谓的，我还走得动，开车只不过是尝一尝新鲜劲儿，因为我年轻时曾梦想成为汽车设计师，那时还没有汽车呢。"

老者关于梦想的话题吸引了卡耐基，于是二人从卡耐基的公司情况一直聊到各自的生活。卡耐基把自己最近的烦恼和想法都告诉给老者："那天凌晨，对着一盏孤灯，我对自己说，'我在做什么，我的梦想是什么，如果我想要成为作家，那为什么不从事写作呢?'您认为我的看法对吗?"

"好孩子，非常棒!"老者说:"你为什么要为一个你不关心又不能付你高薪的公司卖命呢？你不是想赚大钱吗？写作，在今天也是个好行当呀!"

"不，老先生，放弃工作是不可能的，除非我有别的事可做。但是我能做什么呢？我有什么能力能让自己满意地赚钱和生活呢?"卡耐基问。

老者说："你的职业应该是能使你感兴趣，并发挥才能的。既然写作很适合你，为什么不试一试?"

这让卡耐基大受鼓舞，决定开始写作，朝自己的目标努力。不管这个故事真实与否，卡耐基最终改变了自己，并且开始鼓励他人、改变他人。卡耐基将他一生中最重要、最丰富的经验，汇集在《人性的弱点·全集》一书中，这本书充满乐趣、充满智慧，一段时间曾经风靡中国的大街小巷，并刮起了一股盗版的狂潮。不可否认的是，许多人通过卡耐基的书得到了自信。

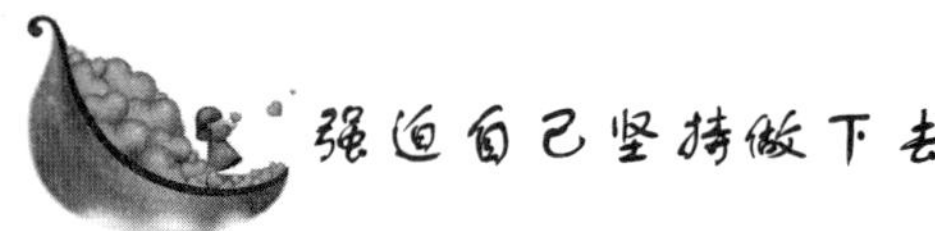

强迫自己坚持做下去

有一个年轻人很喜欢写作，朋友们都认为他很有才能，但不知道他为什么不能靠写作维持自己的生活。

年轻人认为，他必须先有了灵感才能开始写作，作家只有感到精力充沛、创造力旺盛时才能写出好的作品。为了写出优秀作品，他觉得自己必须“等待情绪来了”之后，才能坐在打字机前开始写作。如果他某天感到情绪不高，那就意味着他那天不能写作。

不言而喻，要具备这些理想的条件并不是有很多机会的，因此，他也就很难感到有多少好情绪使他得以成就任何事情，也很难感到有创作的欲望和灵感。这便使他的情绪更为不振，更难有“好情绪出现”，因此也越发地写不出东西来。

通常，每当他想要写作的时候，他的脑子就变得一片空白。这种情况使他感到害怕。所以，为了避免瞪着空白纸页发呆，他就干脆离开电脑。他去收拾一下花园，把写作忘掉，心里马上就好受些。他也用其他办法来摆脱这种心境，比如去打扫卫生间，或去刮胡子。

但是，对于他来说，在盥洗间刮刮胡子或在花园种种玫瑰，都无助于在白纸上写出文章来。

后来，他借鉴了某著名作家的一条经验。这条经验是：“对于‘情绪’这种东西可不能心软。从一定意义上来说，写作本身也可以产生情绪。有时，我感到疲惫不堪，精神全无，连五分钟也坚持不住了；但我仍然强迫自己坚持写下去，而且不知不觉地，在写作的过程中，情况完全变了样。”

他认识到，要完成一项工作，必须待在能够实现目标的地方才行。要想写作，就非在电脑前坐下来不可。

经过冷静的思考，他决定马上开始行动起来。他制订了一个计划。他起床的闹钟定在每天早晨7点半钟。到了8点钟，他便可以坐在电脑前。他的任务就是坐在那里，一直坐到他在纸上写出东西。如果写不出来，哪怕坐一整天，也在所不惜。他还订了一个奖惩办法：早晨打完一页纸才能吃早饭。

第一天，他忧心忡忡，直到下午两点钟他才用电脑打完一页纸。第二天，戴维有了很大进步。坐在电脑前不到两小时，他就打完了一页纸，较早地吃上了早饭。第三天，他很快就打完了一页纸，接着又连续打了五页纸，才想起吃早饭的事情。

最后，他的作品终于完成了。后来，他成了一位小有名气的作家。

有很多事情的确需要好的情绪才能做好，但有好情绪的时候往往并不多。这时候，就不要等待好情绪的出现，因为越等待拖延的时间就越长。最好的办法是——强迫自己坚持做下去。

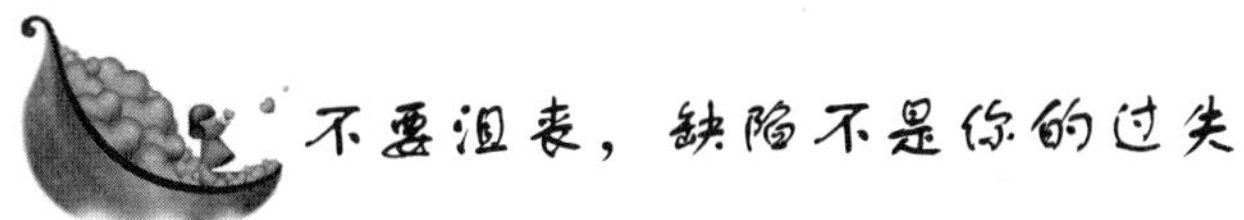

不要沮丧，缺陷不是你的过失

缺陷不是你的过失。先天的不足，你可以通过后天的努力给予补偿。做人，没有必要去纠缠一些无法改变的过去。

从前有个人，相貌极丑，街上行人都要掉头对他多看一眼。他从不修饰，到死都不在乎衣着。窄窄的黑裤子，伞套似的上衣，加上高顶窄边的大礼帽，仿佛要故意衬托出他那瘦长条似的个子，走路姿势难看，双手晃来荡去。

他是小地方的人，直到最后，甚至已经身任高职，举止仍是老样子，仍然不穿外衣就去开门，不戴手套去歌剧院，总是讲不得体的笑话，往往在公众场合忽然忧郁起来，不言不语。无论在什么地方——在法院、讲坛、国会、农庄，甚至于他自己家里——他处处都显得不得其所。

他不但出身贫贱，而且身世蒙羞，母亲是私生子，他一生都对这些缺点非常敏感。

没人出身比他更低，但也没人比他升得更高。

他后来任美国总统，这个人就是林肯。

一个人有这么大的弱点而不去补偿，难道也能得到林肯那样的成就吗？

原来，林肯并不是用每一个长处抵每一个短处以求补偿，而是凭伟大的睿智与情操，使自己凌驾于一切短处之士，置身于更高的境界。只有在一个方面，就是教育方面，直接补偿自己的不足。他拼命自修来克服早期的障碍。他非常孤陋寡闻，在 20 岁以前听牧师布道，他们都说地球是扁的。他在烛光、灯光和火光前读书，读得眼球在眼眶里越陷越深；眼看知识无涯而自己所知有限，总是感觉沮丧。他填写国会议员履历，在教育项下填的是："有缺点。"

他一生就是对一切他所缺乏的全面补偿。他不求名利地位，不求爱情和婚姻美满，集中全力以求达到更高的目标，他渴望把他的独特思想与崇高人格里的一切优点奉献出来，造福人类。

可是，常人必须选择可以达到的目标，不可好高骛远，妄自追求达不到的目标。

现在要讨论的问题是：假定你有一两种自卑感，而想加以利用，转弱为强，办得到吗？

不错，并不容易。但是办不到吗？就人过去的经验来说，并非如此。有几位伟人生平就是一部奋斗史，显示出借补偿作用而获得成就的可能性有多大。读达尔文、济慈、康德、拜伦、培根、亚里士多德的传记，就不会不明白，他们的品格和一生，都是个人缺陷形成的。像亚历山大、拿破仑、纳尔逊，是因为生来身材矮小，所以立志要在军事上获得辉煌成就；像苏格拉底、伏尔泰，是因为自惭奇丑，所以在思想上痛下工夫而大放光芒。

唯一的阻碍，不是我们不能改变自己，也不是改变的困难，而是我们不要改变。只要别人或是别的事物改变了，你就会看到，我们把自己调整得多好。

现在就是开始的时候了，明白了你自己的这个窍门，你便可以过大好的新生活。你不再会让自卑感作祟而使自己觉得难堪，你会决定，像一般成功快乐的人那样，好好地发挥自卑感原有的作用。虽然起初不大有把握，可是你会发现你自己不再受它的驱使，而是在利用它，将来过上更多彩更丰富的生活。

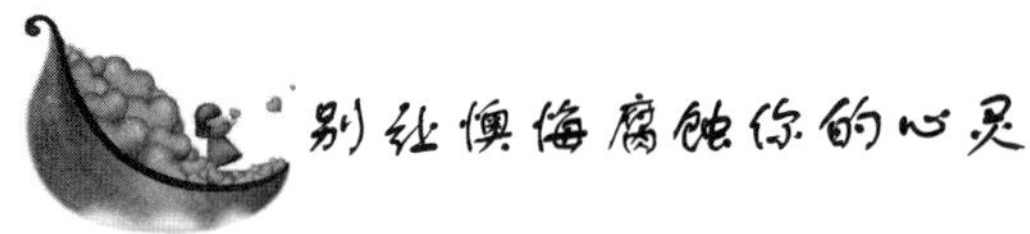

别让懊悔腐蚀你的心灵

当我们的心灵被懊悔所腐蚀，所有的意志都会变得消沉，成功也会一步步远离我们。而当我们开始为下一次准备时，我们就会拥有真正有益生命的阳光和财富，我们就开始迈向成功。失败并不可怕，可怕的是我们沉浸在失败的阴影里无法自拔，总是责备自己，并把自责当做是我们最好的依赖。这种不自觉的貌似可以凭借的依赖，恰恰是我们人生长堤上的蚁穴，只要一点点，就足以毁掉我们的整个生活。只有抛弃过去的种种阴影，我们才能迈开大步向前进。

一位执业多年的心理医生，拥有非凡的成就。在他即将退休的时候，为了对自己一生的成绩作出一个总结，给后人一个值得借鉴的参考，他写出了一本医治各种心理疾病的专著。这本书足足有一千多页，讲述了多种心理疾病的症状和治疗方法。这真称得上是一本医治心理疾病的百科全书，不仅具有学术价值，更具有很深的实际指导意义。

退休后的心理医生成为心理学界德高望重的前辈，常常被邀请到大学里去讲学，他的学术报告，深入浅出，加入了自己临床的实际病例，很受学生欢迎。一次，他应邀到一所大学去讲学。在课堂上，他拿出了自己的这本著作，对台下的学生们说：“我的这本书共有一千多页，讲了不下三千种治疗方法以及几万类药物，但是，所有的内容，却可以总结为几个字。”

学生们被深深地吸引了，他们屏息注视着那位心理医生，期待着他揭晓谜底。只见心理医生转身在黑板上写下了几个字‘如果，下一次’。医生看到学生们不解的目光，解释说：“我在多年从事心理治疗的过程中发现，造成人们精神困扰的莫不是‘如果’这两个字，人们被这两个字深深折磨着，‘如果我当初努力学习’‘如果我没有辜负她’‘如果我及时赶回来’‘如果我换了工作’……”

尽管心理医生可以用上千种方法来帮助人们解除困扰，但最终的方法都是把人们的思想引入“下一次”。当人们把思想从“如果”变为“下一次”时，所有的心理疾病都得到了缓解。“下一次我可以选择自考和进修”，“下一次我不会再错过我爱的人”，“下一次我一定不再拖拖拉拉”……让一个人感到精神困扰，幸福观念大受影响的，往往不是物质上的贫乏，而是心境的消沉。如果你的心里总是充满了懊悔和遗憾，你的心灵只能被痛苦所占据。

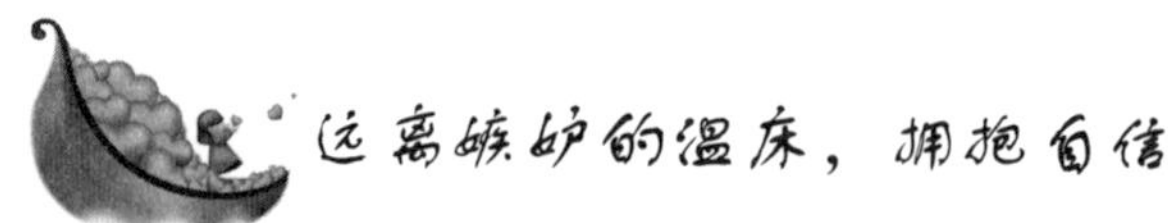

远离嫉妒的温床，拥抱自信

生活在竞争的社会，最好远离嫉妒的温床。对别人的优越心怀憎恨，那是对自己自卑的肯定。做人，想超越对手，先超越自我。

你的一位同学获得了哈佛大学的奖学金，即将出国，你是禁不住赞道:“真棒!”还是心里酸酸的,说:“咳,傻小子有傻福呗……”

你的一位同科室的女孩，嫁了一位老美，就要随夫到国外定居。你是衷心祝福她，还是在背后撇嘴：“就她那长相，也就傻老外能看上……”

某天，你听人谈起某位过去在单位不得志的同事下海几年发了，现在有自己的公司，你的第一反应是高兴，还是来一句：“没准儿是发的不义之财吧……”

和你同时参加工作的某君，现在已是处长了。每次他见了你，都会热情地打招呼。你是同样大方自然呢，还是在心里暗自说道：“不就是当了个破官儿嘛，看那假惺惺的样子……”

如果你的表现是后者，那你就是妒忌了。而妒忌，以著名诗人艾青的话说，是“心灵上的肿瘤”。你要不警惕，不痛下决心把它“割掉”，它就会“像锈蚀铁那样，以自身的气质腐蚀自己”。

妒忌，作为人性的弱点，几乎谁都会有那么一点。这是人性中残存的动物的一面。据研究者说，许多动物都有嫉妒的本性，一只狼会把比它多抢了猎物的同类咬死。据中国杂技团驯兽员夏世华讲，一只叫“红红”的小狗看到驯兽员接触一只叫“丽丽”的小狗较多，它竟然嫉妒地把“丽丽”咬死了。我们虽早已进化成了人，但这个“动物性”却似乎与生俱来。当我们还是孩子时，就会对父母表现出的对其他弟妹的“偏心”而心生不快，我们会因他们比自己多吃了一口蛋糕或新穿了一件衣服而生气甚至哭闹。

虽然妒忌是人普遍的也可以说是天生的缺点，但我们绝不可因此而忽视它的危害性。趁着它还只是我们心灵里的小小“肿瘤”，我们就要赶快诊治它，以免它发展下去，成恶性“癌变”。

有嫉妒心的人，常有一种“危机感”，就是怕别人超过了自己，显出自己的落后和平庸。因此他们常常盯着别人的缺点，对别人长处不是视而不见，就是故意诋毁。说穿了这种人就是不自信。恐惧他人超越自己，过得比自己好。我们要有宽阔的胸怀，谦虚的态度，像古人说的：见贤思齐。不是去嫉妒别人，而是虚心向别人学习，争取和别人一样有所建树。

克服嫉妒，还有很重要的一点，就是要跳出自我，对自己抱有信心。与人为善。别人取得成功，别人获得了幸福，别人一帆风顺……我们应该为他们高兴。哪怕我自己并不成功，并不幸福，是“逆风行船”，我也衷心地祝贺别人，像一首歌中的“只要你过得比我好……”

诧摩武俊说：“现代社会是竞争的社会、瓜葛的社会。而且，也

意味着现代的人，生活在嫉妒的温床中。”

在这个充满竞争、机会和变化的时代，在我们身边，几乎天天都有成功的人、幸运的人、发财的人、创造奇迹的人。他们也许就是你原本瞧不起的同事，或者是你曾领导过的下属，你能保持平和的心态、宽阔的心态、与人为善的心态而不妒忌吗？这的确是对我们每个人品格修养的考验。

用自信送走偏激的情绪

凡不能正确地对待别人的人，就一定不能正确地对待自己。若能对自己抱有信心，必定不对他人抱有过分的猜忌，从而导致行为上的严重适当。

性格和情绪上的偏激，是做人处世的一个不可小觑的缺陷。三国时代，那位汉寿亭侯关羽，过五关，斩六将，单刀赴会，水淹七军，是何等英雄气概。可是他致命的弱点就是刚愎自用，固执偏激。当他受刘备重托留守荆州时，诸葛亮再三叮嘱他要“北拒曹操，南和孙权”，可是，当吴主孙权派人来见关羽，为儿子求婚，关羽一听大怒，喝道：“吾虎女焉肯嫁犬子乎！”总是看自己“一朵花”，看人家“豆腐渣”，说话不顾大局，不计后果，导致了吴蜀联盟的破裂。最后刀兵相见，关羽也落个败走麦城、被俘身亡的下场。本来嘛，人家来求婚，同意不同意在你，怎能出口伤人，以自己的个人好恶和偏激情绪对待关系全局的大事呢？假若关羽少一点偏激，不意气用事，那么，吴蜀联盟大概不会遭到破坏，荆州的归属可能是另外一种局面。关羽不但看不起对手，也不把同僚放在眼里，名将马超来降，刘备封其为平西将军，远在荆州的关羽大为不满，特地给诸葛亮去信，责问说：“马超能比得上谁？”老将黄忠被封为后将军，关羽又当众宣称：“大丈夫终不与老兵同列！”气量狭小，盛气凌人，其他的人就更不在他眼里，一些受过他蔑视侮辱的将领对他既怕又恨，以致当他陷入绝境时，众叛亲离，无人援救，促使他迅速走向败亡。

现实生活中，凡不能正确地对待别人的人，就一定不能正确地对待自己。见到别人做出成绩，出了名，就认为那有什么了不起，甚至千方百计诋毁贬损别人；见到别人不如自己，又冷嘲热讽，借压低别人来抬高自己。处处要求别人尊重自己，而自己却不去尊重别人。在处理重大问题上，意气用事，我行我素，主观武断。像这样的人，干事业、搞工作，成事不足，败事有余，在社会上恐怕也很难与别人和睦相处。

偏激的人看问题总是戴着有色眼镜，以偏概全、固执己见、钻牛角尖，对人家善意的规劝和平等商讨一概不听不理。偏激的人怨天尤人，牢骚太盛，成天抱怨生不逢时，怀才不遇，只问别人给他提供了什么，不问他为别人贡献了什么。偏激的人缺少朋友，人们交朋友喜欢“同声相应，意气相投”，都喜欢结交饱学而又谦和的人，老是以为自己比对方高明，开口就梗着脖子和人家抬杠，明明无理也要搅三分的主儿，谁愿和他打交道？

性格和情绪上的偏激，是一种心理疾病。它的产生源于知识上的极端贫乏，见识上的孤陋寡闻，心态上的缺乏自信，社交上的自我封闭意识，思维上的主观唯心主义等等。对此，只有对症下药，丰富自己的知识，增长自己的阅历，多参加有益的社交活动，同时，还要掌握正确的思想观点和思想方法，才能有效地克服这种“一叶障目，不见泰山”的偏激心理。

自信的人能够认识到自己可以战胜目前的困难，可以运筹帷幄决胜千里；相信自己的能够披荆斩棘，越过生命中出现的鸿沟，从而放下偏激的想法，以开阔的眼界来接纳事物，走出困境。

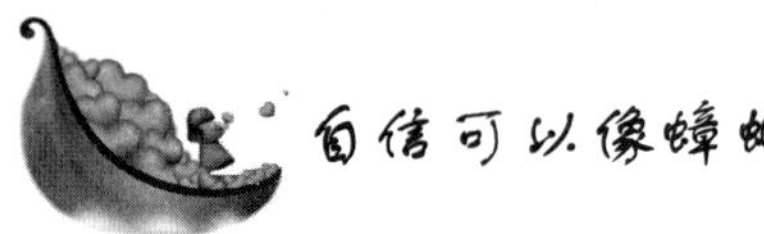

自信可以像蟑螂一样坚韧

不要做恐龙横行一时，要学蟑螂生存无数年。

在北京每年都搞一次全市的灭蟑螂运动。没有人喜欢蟑螂，因为它长相奇丑，生命力极强，到处都有，打了一只，待会儿又出来一只，有缝就钻，有洞就躲，一般的杀虫剂它们也不太在乎。

据研究，蟑螂是和恐龙同时期的昆虫，可是恐龙早已死光了，蟑螂却仍在地球上存活，并且大量繁衍。那篇文章还说，蟑螂可以在最恶劣的环境中生存，只要有那么一小滴水，它就可以活下来。

蟑螂的这种生存能力是自然演化的结果，但自从我读了那本书后，对蟑螂却有了一些“尊敬”，虽然我看到蟑螂还是要追它打它。

人如果也有蟑螂的韧性，还有什么日子不能过，还有什么样的苦不能吃呢?

在人的一生当中绝对会碰上不如意的时候，这些不如意有很多种，例如：生意失败、失恋、人事斗争落败、被羞辱、工作不顺、家道中落……等等，而依各人承受程度的不同，这些不如意也会对各人形成不同的压力与打击，有人根本不在乎，认为这只是人生中必然会碰到的事；有人则很快就可以挣脱沮丧，重新出发；但有些人只要被轻轻一击就倒地不起。

不管你遭到的不如意程度如何，只要你在主观感受上已到了沮丧、消极、痛苦，几乎要毁灭的地步，那么我要告诉你的就是：像蟑螂一样地活着。

蟑螂是墙缝里可活、壁橱里可活、阴沟里也可活的昆虫，当你遇到不如意事，无论是客观环境造成的，还是人为的，不就有如在墙缝里、壁橱里、阴沟里一样吗？如果你因为过着这样阴暗、充满脏臭与羞辱的日子而灰心丧志，失去活下去的勇气，那么你连一只

蟑螂都不如。恐龙已经绝迹，蟑螂却仍在世上猖狂，只因它活下来了，所以你也要在最黑暗的时刻，最卑贱的时刻，最痛苦的时刻，屈辱地活下来。像一只蟑螂那般活下来。

也就是说，在这种时候，你不要去计较面子、身份、地位，也不要急着出头，这种日子很容易让人沉不住气，但只要沉得住气，只要“存在”就有希望，就有机会。这不是安慰你，而是事实本就如此——你看看，恐龙如今安在？

如果人能像蟑螂一样地活下来，必然会有一些收获：

重新出头的那一天，你会得到更多的尊敬，因为人虽然屈服于强者之下，但打不死的勇者却有更强的号召力和感染力。

有过蟑螂般的生活经验，便不怕他日横逆之来。换句话说，对不如意事更能坦然面对，能屈能伸；阴暗的日子能过，风雨的日子能过，人到了这种地步，还有什么事能为难他呢？所以，不要做恐龙横行一时，要学蟑螂生存无数年。

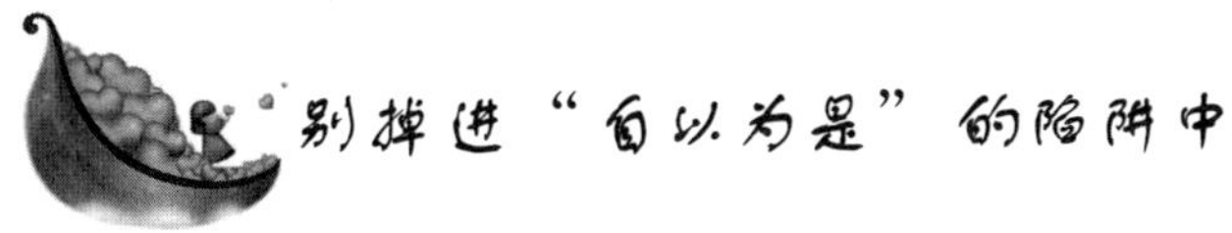

别掉进“自以为是”的陷阱中

谁都不是生活中的太阳，谁都应看看广阔的世界。做人，应该超越自身的束缚，毕竟，井里不知井外天。

自我和扩张型的人，是对“现实我”的认识和评价过度超估，偶有一得一见，便以为自己十分了不起，忘掉了现实中的“我”，开始进行种种“美妙”的设计。

自大心理是怎样形成的呢？

心理学家认为，所谓“自我意识”是指人对于自己以及自己与周围事物的关系的一种认识，也是人认识自己和对待自己的统一。

自我意识包括自我观察、自我评价、自我体验、自我监督、自我教育和自我控制等内容。它是人在社会实践交往中，特别是由于语言和思维的发展，认识自身和环境而逐步形成和发展起来的。

有些人自我意识发展的特点之一是：对认识和评价自我充满了浓厚的兴趣和紧迫感，自我认识和评价的水平大为提高，但自我认识和评价的客观性与正确性还不够，还存在一定程度的盲目性。

由于青年的独立意识、自尊心的发展，常常会导致一种不必要的自大心理。他们特别喜欢寻找和评价那些自己有而他人没有的长处，同时，他们的自尊心、荣誉感也很强，总希望自己的形象在别人看来是肯定的、令人喜爱和有希望的。

由于这些人的父母对他们的要求百依百顺，使他们从小就成为家中的“小霸王”。事事以他为中心，因而养成了一种不懂得迁就别人及完全不能容忍挫折的性格。

有自大心理的人，需要对自己做一番全新的评价和估计，将自己从“自以为是”的陷阱中拉出来，并且重新学习与人相处。否则，在当前这种重视人际关系的社会环境中是难以立足的。

那么，怎样纠正自大心理呢？

这一步是很重要的，因为自大的人通常都是以自我为中心，不懂得去迎合别人的需求。

长期坚持对他人的了解之后，自大者就会由自我世界中走出来，随之他的“自以为是”也会慢慢地消逝。

心理学家认为，达到或超过优异标准的愿望，是个人认真去完成自己所认为重要或者有价值的工作，并欲达到某种理想地步的一种内在推动力量，正是成就动机推动人们在各种行业里奋发图强。人要实事求是地评价自己的能力、知识水平，定出符合自己实际能力的奋斗目标。

有一天，海上刮起大风，海浪掀起有一丈多高。住在海边的青蛙被大风刮到离海老远的一口枯井里。

井底下住着一只青蛙，它听到“咕呱！”一声就问道：“你是谁？从哪里来的？”

大海里的青蛙说：“我也是青蛙，我家住在大海里，是大风把我

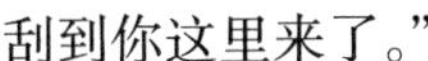

刮到你这里来了。”

井里的青蛙说：“你想回去吗？”

大海里的青蛙说：“我想回去，就是路远，我又迷失了方向，现在只得请你迁就迁就，让我和你在这井底下住些日子吧！”

井里的青蛙一听，觉得自己是天下的英雄，应该可怜可怜它。于是答应说：“行。”说完了就把井底分一份给大海里的青蛙：“我把天大的地方让给你一块，你就在这儿住下吧！”

大海里的青蛙谢过井底的青蛙之后，它俩就唠起嗑来：

“你住的大海，有多大呢？”

“很大很大！”

“能有我现在呆的这块地方大吗？”

“比这要大得多呢！”

“什么？难道还能比这井大吗？”

“是的，比这井底要大得多，大海是广阔的，是无边无际的。你要是能跟我到大海里去看一看，就知道了。”

井底的青蛙从来也没出过井，不知天多大海多大，一听大海里的青蛙说住的地方要比这口井大，就恼怒了：

“你说大海比这井大，我不相信，这准是你在向我夸口。我明白了，你这是小看我，瞧不起我这个地方。那好吧，对不起，请你回到大海里去吧！”井底的青蛙终于赶走了大海里的青蛙。

井底之蛙就这样把井当做天，把自己当做天下唯一的英雄，在这口枯井里生活一辈子。谁都不是生活中的太阳，谁都应看看广阔的世界。

虚心地取人之长，补己之短。诚然，谁都不可能成为无所不能、万事皆通的全才，然而，只要虚心向别人学习，善于把别人的长处变成自己的长处，那么他必定会越来越聪明，越来越进步。

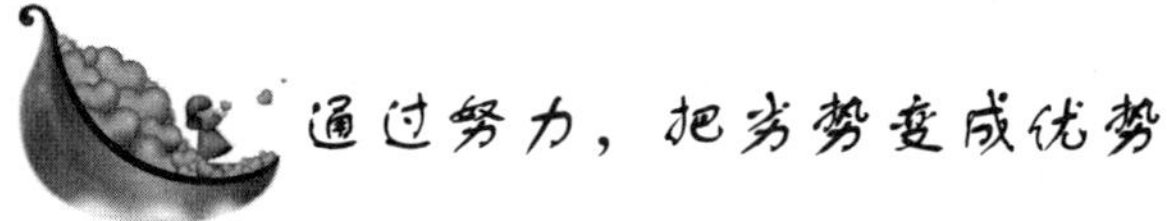

通过努力，把劣势变成优势

你愿意做个成功但忧愁的人，还是快乐的败将？如果是成大事者宁可是后者。因为快乐无价，而且失败后仍有机会东山再起。能推动许多人不断前进，却无法推动自己情绪的成功者，实在不值得羡慕。

许多人喜欢看 NBA 的夏洛特黄蜂队打球，特别喜欢看 1 号博格士上场打球。

博格士身高只有 1.6 米，在东方人里也算矮子，更不用说在即使身高两米都嫌矮的 NBA 了。

据说博格士不仅是现在 NBA 里最矮的球员，也是 NBA 有史以来破纪录的矮子。但这个矮子可不简单，他是 NBA 表现最杰出、失误最少的后卫之一，不仅控球一流，远投精准，甚至在高个队员中带球上篮也毫无所惧。

每次看博格士像一只小黄蜂一样，满场飞奔，人们心里总忍不住赞叹他不只安慰了天下身材矮小而酷爱篮球者的心灵，也鼓舞了平凡人内在的意志。

博格士是不是天生的好球手呢？当然不是，而是意志与苦练的结果。

博格士从小就长得特别矮小，但他非常热爱篮球，几乎天天都和同伴在篮球场上打球。

当时他就梦想有一天可以去打 NBA，因为 NBA 的球员不止待遇奇高，而且也享有风光的社会评价，是所有爱打篮球的美国少年最向往的梦。

每次博格士告诉他的同伴：“我长大后要去打 NBA。”所有听到他的话的人都忍不住哈哈大笑，甚至有人笑倒在地上，因为他们

"认定"一个 1.6 米的矮子是绝不可能进 NBA 的。

他们的嘲笑并没有阻断博格士的志向，他用比一般高个子多几倍的时间练球，终于成为全能的篮球运动员，也成为最佳的控球后卫。他充分利用自己矮小的"优势"——行动灵活迅速，像一颗子弹一样，运球的重心最低，不会失误；个子小不引人注意，抄球常常得手。

拥有个性，你就是自己的主人，是自己人生快车的火车头。当你的自信程度为人称道的时候，策划人生已经变成了一件轻松愉快而又方便实用的事。

当你每天跨出家门前，一边整理衣装一边就可以问一问："我愿不愿买我自己?"

你当然愿意买自己，因为你是独一无二的。只要自信，你的个性足以使你适应个体时代的需要，使你从人群中脱颖而出。

奥格·曼狄诺指出："雪花是独一无二的，没有任何两朵雪花是同样的。我们的指纹、声音和 DNA 也是如此。因此可以肯定，我们每一个人都是独一无二的个人。"然而，尽管我们知道历史上从来没有完全像我们一样的人存在过，但我们还是习惯于将自己与别人相比。我们把他们作为标准来衡量我们的成功，我们常常在报纸上读到某人取得了伟大的成就，然后很快就发现他们的年龄超过了我们，因此我们至少得到了一点暂时的安慰：我们也还是有可能取得同样的成功的。

但是，把自己与别人相比是毫无意义的，因为你根本不知道别人在生活中的目标与动力以及别人独一无二的能力。别人有别人的才干，你有你的才干。我们常常认为才干就是音乐、艺术或智力方面的天赋，但实际上我们人人都有奇妙的、自己仍在忽视的才干，诸如激情、耐力、幽默、善解人意、交际才能等等，它们是可以帮助我们取得成功的强有力的工具。

说到最后，不断地拿自己与别人相比，只能使你对自我形象、自信以及你取得成功的能力产生负面影响。你应该问自己的能力是

否得到了充分开发。

人都是独一无二的。使我们独一无二的，是我们通过思想意识的作用而在自己内部带来变化的能力。我们对自己的认知、对自己的定位以及我们将要实现的目标决定着我们在这个世界上的独特的位置。

科学家认为，人 50% 的个性与能力来自基因的遗传，这意味着另外的 50% 不取决于遗传，而取决于创造与发展。

如果能够做到这一点，你最希望的变化是什么？当然，我们必须承认有些事情是我们无论如何积极思维也无法改变的，比如身高、肤色等等，但是我们却可以改变对它们的看法，通过自身努力，把劣势变成优势。

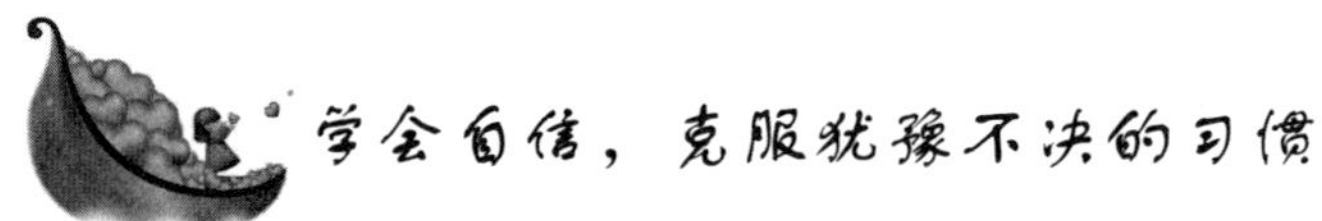

学会自信，克服犹豫不决的习惯

果断的力量是一切力量中的决定力量。假如你没有这种力量，那你的一生就会像漂荡在海中的孤舟，永远靠不了成功的彼岸。所以要培养这种力量，塑造这种品质，那样犹豫就不会再光顾你，你就会果断的做事情，你的自我重塑也就成功了，你已经是一个成功者了。

曾发生过这样一件事：

一位伐木工人在伐木时不幸被伐下的大树砸在大腿上，一阵疼痛席卷而来，看着自己的大腿正在汩汩流血，他有些恐慌。由于是单独伐木，周围没有人，无法求救，自己也没带任何可以紧急救助的器具。但这时他神志尚清醒，他深知，如果不把压在他大腿上的大树移开，那血就会一直流下去，最终的结果只能是因失血过多而丧命。

他的大脑快速地运转，想尽快地找出解决办法，他试图用电锯

将压在腿上的大树锯断移走，但是，由于身体已经受到制约，无论如何也达不到目的。

怎么办？怎么办？他不能再犹豫了，再犹豫就有生命危险了，他必须当机立断。于是他采取了果断措施，用电锯把自己的大腿锯断了。

结果大腿丢掉了，却保住了生命。是果断保住了木工的性命，如果他一味犹豫不决，浪费时间，结果只能命丧黄泉。“当机立断，不受其乱。”这位伐木工人就具有果断这一宝贵的人格品质。有些人为什么会遇事优柔寡断？主要是由以下一些原因造成的：

心理学认为，对事情的本质缺乏清晰的认识，就会产生心理冲突，对事情就不会有明确的态度，也就很难很快地做出决定。性格原因、缺乏自信、感情脆弱、过分谨慎的人就容易遇事优柔寡断，思前想后，拿不定主意，左右徘徊。

有人从小依赖别人，从不自己作决定，遇事找人商量或者循规蹈矩，这样的人一旦该独立生活，处事就会出现优柔寡断的现象。那么，如何才能克服优柔寡断的毛病呢？

1. 自信。克服犹豫不决的最好办法是肯定自己，坚信自己能行。犹豫不决的人总是对自己说：“这件事我能行吗？我恐怕干不了。”自己还没有开始做就担心自己做不了，怎么可能成功呢？而自信的人则会对自己说：“我能行，我会干好的，没什么问题。”这无疑是给自己打气，有了信心，也就不会犹豫不决了。

2. 取舍。不要追求尽善尽美。“金无足赤，人无完人”，只要不违背大原则，就可以作出坚决的取舍。

3. 胆识。心理学认为，人的果敢程度与其所具有的知识经验有很大的关系。一个人的知识经验越丰富，其果敢程度就越高，反之就越低。

4. 思维。“凡事预则立，不预则废”，善于思考，勤于思考，是遇事有主见的前提和基础。

如果你什么事都等待，犹豫不决，那在徘徊和等待中就浪费了

时间也失去了机会。你要在遇到困难的、两难的或者紧急的情况下，能够迅速地、合理地、是非分明地，不失时机地采取必要的果断的措施，才能坚决地、顺利地解决问题。如果那位伐木工人在自己遇到紧急情况下不采取果断措施，肯定会因为血流得过多而保不住自己的性命。

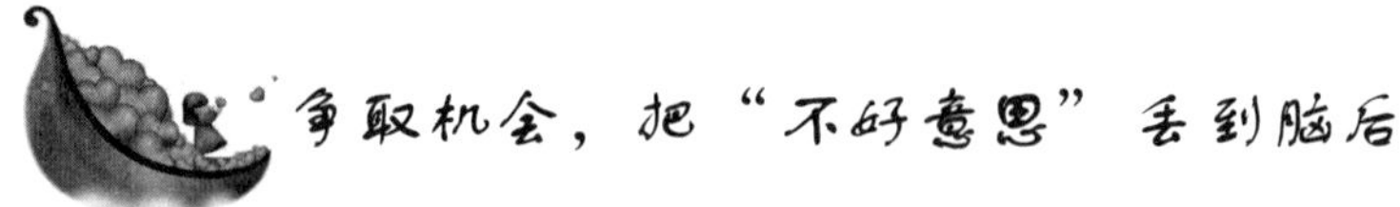

争取机会，把“不好意思”丢到脑后

有些人总是非常害羞，干什么事都很不好意思，唯恐别人笑话自己，结果什么事情都不敢主动去争取，最后的结果肯定是什么也做不好。

所以，要想赢得成功，就要把“不好意思”丢到脑后，全力争取自己的成功。

小肖一直都想从事平面设计。有一次，他无意间在报纸上看到了某报社招聘平面设计员的广告。于是小肖赶紧写了一份简单的介绍，并说明自己虽然没有用过平面设计这个软件，但是类似的软件用过很多，可以用三天的时间就学会使用。

第二天，小肖又打电话过去打听消息，报社的人回复说有可能会叫他去面试。于是小肖马上答应他们，自己马上学会用这个软件。

又过了几天，小肖把报社出版的报纸，选择了版面最复杂的一版给做出来，改动了一点儿东西。没等报社通知，小肖就带着自己画的东西找上门去了。报社的主管问小肖：“软件用起来没问题吧？”小肖回答说：“没有。”然后主任就说：“使用软件是次要的，关键的是创意。”主任又对小肖说：“可能要过几天才会叫你来试工。”

于是小肖就回家等消息。到了说好的那一天，还没见报社的电话，小肖等不及了，就主动打电话去问。主任的回答是上头还没指示，自己也没办法，再说要走的那个人还没走。

过了几天，小肖经过报社附近，就又顺便进去坐了坐，和主任聊了一会。主任问小肖找了别的工作没有？小肖说没有，他说："本来要去干一份电脑维修的工作，但自己更喜欢做平面设计，所以就等报社的答复了。主任听说小肖还会维修电脑，就有点儿欣喜的样子。

又过了几天，报社的主任突然打电话给小肖，通知他第二天去面试。

第二天面试的时候，由于小肖已经做好了准备工作，令主任很满意。就这样，小肖凭借着主动出击，终于得到了自己想要的设计工作。

我们无论做什么，都要主动把握机会，要主动出击，不能等机会来找你。不要总是觉得主动出击不好意思，还怕丢面子，如果你怕丢面子，又怎么会得到成功呢?

可以说吴士宏是一个成功人士，仅一个微软中国公司总经理就令人刮目相看。可以说，吴士宏的成功就是她积极主动的结果。

有这样一个流传甚广的故事。是吴士宏在应聘 IBM 时的一段趣事。

当时还是个小护士的吴士宏，抱着个半导体学了一年半许国璋英语，就壮起胆子到 IBM 来应聘。

那是 1985 年，站在长城饭店的玻璃转门外，吴士宏足足用了五分钟的时间来观察别人是怎么从容地步入这扇神奇的大门。

两轮的笔试和一次口试，吴士宏都顺利通过了，最后，主考官问她："你会不会打字?"

"会。"吴士宏条件反射般地说。

"那么你一分钟能打多少?"

"您的要求是多少?"

主考官说了一个数字，吴士宏马上承诺说可以。她环顾了四周，发现现场并没有打字机，果然考官说下次再考打字。

实际上，吴士宏从未摸过打字机。面试结束，她飞也似的跑了出去，找亲友借了170元买了一台打字机，没日没夜地敲打了一个星期，双手疲乏得连吃饭部拿不住筷子了，但她竟奇迹般地达到了考官说的那个专业水准。过了好几个月她才还清了那笔债务，但公司一直没有考她的打字功夫。

吴士宏的传奇从此开始。

其实，成功离每一个人都很近。可是，有很多人在机会来临之前会不好意思，担心别人会笑话自己，总是前怕狼后怕虎的，往往远离了成功。

瞧得起自己，告别嫉妒、自卑、怨恨

一位留学美国的中国学生和朋友谈起了自己看问题视野的变化。

由于小学成绩优秀，他考上了县城的中学。他发现自己再不能像在小学时那样稳拿第一了，于是产生了嫉妒：比自己好的同学原来都有六棱好铅笔，自己却没有，天道不公啊！经过几年的苦读，他居然又成为县中学的第一了。而他又觉得：人与人之间还是不平等的，为什么自己没有好钢笔呢？

中学毕业后，他考上了北京的某所大学，可好景不长，他的学习成绩连中等也保不住了。看到城里的同学是好铅笔成堆，好钢笔成把，早上蛋糕牛奶，晚上香茶水果，想想自己，早上一个窝头还舍不得吃完，还要给晚上留一半。“合理”又从何谈起呢？

5年后，他留学到美国，亲眼看到了五光十色的西方世界，所有的嫉妒、自卑、怨恨却忽然一扫而光了。原来自己选取的比较标准发生了变化，看到的不再是自己的同学、同事和邻居，而是整个世界。

这个世界上只有一件事是最重要的，那就是自己得瞧得起自己，至于别人怎么说怎么认为反而是一件无足轻重的小事。

战国时代，在长城外住了一位老翁。有一天，老翁家里养的一匹马无缘无故走失了。在塞外，马是负重的主要工具，所以，邻居都来安慰他，这位老翁却很不在乎地说："这件事未必不是福气!"过了几个月，走失的那匹马居然带了一匹胡人的骏马回家，这真正是赚了，邻居都来庆贺。这位老翁却说："这未必不是祸!"几个月后，老翁的儿子骑这匹胡马摔断了大腿骨，邻居们佩服老翁的料事如神之余也赶来慰问，而这位老翁却毫不在意地说："这倒未必不是福!"事隔半年，胡人入侵，壮丁统统被征调当兵，战死沙场者十之八九，而老翁的儿子却因为摔断了一条腿免役而保住一命。

塞上老翁这种透过长远时空、利弊并重的思考问题的方式，自然产生"不以物喜，不以己悲"的平常心，遂成为中国传统文化中睿智的典型。这种平常心带来了生活中的和谐，宽容心不也是如此吗?

世上有走不完的路，也有过不去的河。遇到过不去的河掉头而回，这也是一种智慧。但真正的智慧还是不要因为小挫折而灰心丧气，最后影响了你的人生脚步。

历览古今，抱定"不以物喜，不以己悲"这样一种生活信念的人，最终都实现了人生的突围和超越。要想事业成功，似乎仍需更多。

其实在生活中，我们应该保持一种适应环境、改造环境的积极心态，而不要一味地在自己的消极意志中沉寂下去。

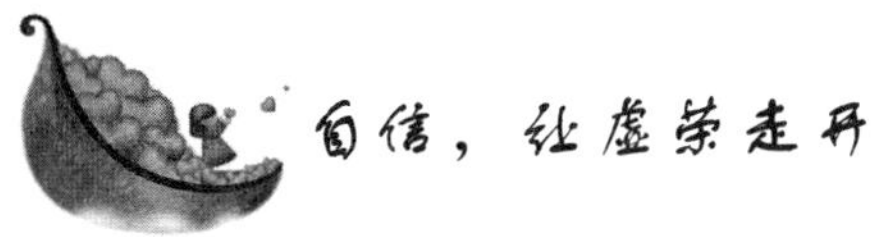

自信，让虚荣走开

真正的自信，必须是善待自己又善待他人，真诚面对自己又真诚面对他人。自信，让虚荣走开。

虚荣是一种不良的性格，是一种被扭曲夸大的自尊心。

虚荣的人喜欢别人的赞美；虚荣的人对人表面热情，内心冷淡；虚荣的人喜欢出风头，一旦取得了点成绩就想贪天之功为已有；虚荣的人与别人攀比，爱摆阔气。

虚荣的人自尊心过强，迫切希望得到荣誉，特别关心别人对自己的评价；同时虚荣的人自卑感也更重，他们对于自己缺乏信心，感觉自己没有真才实学，但又希望自尊心得到满足，于是自欺欺人地务虚不务实，满足于虚假的荣誉。

法国文学家莫泊桑的著名小说《项链》，描写了虚荣心十足的骆塞尔太太的故事。

骆塞尔太太名叫玛蒂尔德，她是一位稍有些姿色的人。由于出生于一个小职员的家庭，她没有陪嫁，没有资产，更不可能让那些有钱有势的人来娶她，最后，她将将就就的和一个小职员结了婚。

她向往的生活应该是精美而豪华的，然而只能嫁给小职员的命运，让她不得不过着清贫寒酸的生活，为此她的内心充满着苦痛。

有一次丈夫带回了一张宴会的请帖，这着实让她十分得高兴。可没过一会儿，她又犯起愁来，因为她没有一件像样的衣服和首饰。

丈夫为了满足她的要求，用准备买猎枪的四百法郎给她做了一件新裙子，但首饰怎么办呢？

此时，玛蒂尔德想到了她的朋友弗来士杰太太，于是她从弗来士杰太太那儿借来了一条金刚钻镶成的项链。

宴会的日子到了，当她戴着项链在宴会上出现的时候，引起了全场人的赞叹和奉承，那天她出尽了风头，虚荣心得到极大的满足。

她沉醉在欢乐里，她满意于自己容貌的胜利，满意于自己的成绩的光荣，满意于那一切阿谀赞叹和那场使得女性认为异常完备而且甜美的凯歌，一种幸福的祥云包围着她，所以她什么都不思虑了。

然而不幸的是，在回家的路上，这条钻石项链却丢失了。

为了赔偿这条价值三万六千法郎的项链，她负债累累。在此后的十年里她为了还清债务，尝尽了更加悲惨的生活。可当债还清时，她才知道，当初的那条项链是假的，最多值五百法郎。

小说到此为止，留给了读者一个巨大的想象空间，对于骆塞尔太太来说，也许巨大的债务还算不上是最悲惨的事，最悲惨的是她十年的青春就在这样惶惶不可终日的情景下度过了，这不能不说是虚荣所带来的恶果。

虚荣心重的人，所追求的都是名不副实的荣誉，所畏惧的是突如其来的羞辱。所以他们的自信心必然是极其脆弱的，在受到轻视时常常用伪装的脸孔来面对他人。

有个富人举行了一次盛大的宴会，邀请很多朋友前来赴宴。他的狗汤姆也利用这个机会，邀请了它的狗朋友杰克来做客。

汤姆对杰克说：“我的主人举行宴会，今晚做了很多好吃的食物，我们俩可以非常尽兴吃一顿晚餐。”

杰克非常高兴地答应了。

宴会的时间到了，杰克准时前来赴宴。它看见大厅中那盛大的宴会，满足地说道：

“我是多么快乐呀？像我这样，很难能遇到这样的机会，我要痛痛快快地饱餐一顿，那样在以后的三天里我就可以不用再吃东西了。”

正当杰克兴奋地摇着它的尾巴，准备向汤姆问好的时候，它被厨师发现了。厨师不认得它，一把捉住它，粗暴地把它丢到屋外。

杰克重重地跌在了地上，它疼得龇牙咧嘴，跛着脚走开了，一边走还一边愤怒地叫着。它的声音惊动了街上其他的狗，大家都跑过来，七嘴八舌地问它晚宴吃得如何。

它忍着痛假装说道：“啊，老实说，宴会实在是太棒了，食物多得吃不完，我酒喝得太多了，现在什么事情都记不得了。我也不知道我是怎样跑出这屋子的，你们看，我走路还不太稳呢。”

虚荣心是一种为了满足自己荣誉、社会地位的欲望，生活中每个人都或多或少地会产生这种欲望。但是，如果你表现出来的虚荣超过了范围，那也许就成为一种不正常的社会情感。

虚荣心是要不得的，应当把它克服掉。最根本的解决办法就是

建立坚强的自信。一个人只要对自己有了信心，那么一切困难都能战胜，想得到的荣誉、地位自然都能得到，虚荣感也就烟消云散了。

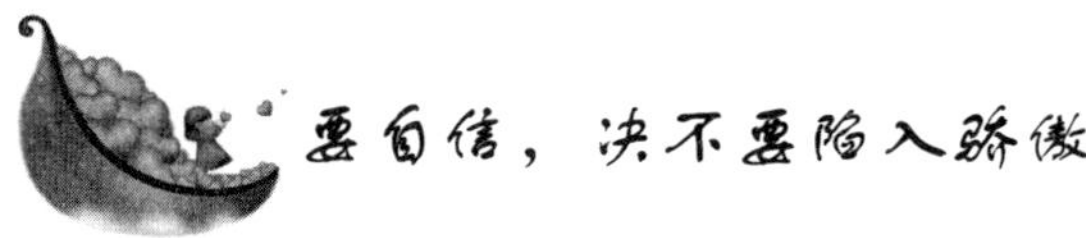

要自信，决不要陷入骄傲

巴甫洛夫曾告诫人们："决不要陷入骄傲。因为一骄傲，你们就会在应该同意的场合固执起来；因为一骄傲，你们就会拒绝别人的忠告和友谊的帮助；因为一骄傲，你们就会丧失客观方面的准绳。"

在现实生活中，骄傲者令人鄙夷。骄傲的人自恃本领过高，并进而发狂，表面看来似乎狂得有点"道理"，但他们不知道这是不知天高地厚的浅薄之气在作怪。他们不懂得天外有天，人外有人，山外有山的道理。

古代有一个名叫张伦山的人，他箭术精良被喻为当时的第一神射手。为此他沾沾自喜，觉得自己是天下奇人。

有一次张伦山在靶场练习射箭，旁边站着许多人观看。其中有一个卖油的老人，挑着一副油担，也在旁边看热闹。张伦山见这么多人捧场，练得更加卖力，不过话说回来，张伦山的箭术确实非凡，不但箭箭命中靶心，而且力道十足，支支穿透箭靶。围观的人一齐拍手叫好，卖油的老人却只是微微地点了几下头。

张伦山见状，便转头问这个卖油老人："你也会射箭吗?"

"我连箭都没有摸过，何谈会不会射呢。"卖油老人摇着头回答。

"那你是觉得我射得还不够好吗?"

卖油老人说："你射得很好，不过我觉得也没有什么特别的地方，和我卖油一样，只不过是手法熟练罢了，不值得这么多人大惊小怪。"

张伦山听后面露不悦之气，怒道："你这老儿，居然拿卖油和我的高超技艺相比，你连箭都没有摸过居然敢如此小看人，真是岂有

此理!”

“年轻人，少安毋躁。”卖油老人不慌不忙地说：“虽然我不会射箭，但卖了这几十年的油，多多少少也从中悟出了一点道理。”说着，卖油老人把一个盛油的葫芦放在地下，把一枚铜钱放在葫芦口上，然后用油勺子将油从铜钱中间的小孔里沥下去。直至葫芦灌满也未见一滴油漏出来，而且连铜钱中间的小孔也未沾上一丝一毫。

张伦山看罢，顿时无语。从此以后他再也没有以射箭自夸。

张伦山领教了什么叫做“强中自有强中手”之后，幡然醒悟，也不失为君子所为。然而更甚者是一意孤行的妄自尊大，那么等待他的必定是摔得头破血流。

张说是唐玄宗时的宰相，他足智多谋，政绩斐然，所以深得唐玄宗的信任。正是因为有了皇帝这个大靠山，张说变得日益张狂起来，他开始恃宠而骄，目中无人，朝中百官奏事，只要稍微有一点不合他的意，他便当面斥责，甚至加以辱骂，文武百官因为他有皇帝撑腰都是敢怒不敢言。

不知何故，张说十分讨厌御史中丞宇文融，凡是宇文融有什么建议，他都加以反驳。

中书舍人张九龄对他说：“宇文融很得皇上恩宠，况且此人口才好又有心计，不能不加以提防!”张说轻蔑地说：“鼠辈，能有什么作为!”

张说倚仗玄宗的信任，在宰相位时收敛了很多钱财。有一次一个官员受贿被查将他牵涉进来。这件案子的主审官正是宇文融。宇文融抓住了张说的把柄，向玄宗狠狠参了他一本。玄宗不相信，但见宇文融的奏本言之凿凿，没办法只能派人去查，结果是果有其事，玄宗大怒。这一来张说顿觉靠山坍塌了，再也神气不起来，蓬头垢面，吓得躲在家里等待处罚，不过最后唐玄宗还是颇念旧情，想起他毕竟是有功之臣，便只撤了他的宰相职务，没有另加惩处。

要知道，对上谄媚的人，必对下狂妄，因为他在此处付出的人格资本，必定要在彼处赚回。这其实是一种很不明智的做法，这样

一来势必树敌太多，使自己陷入孤立。

狂妄与无知是孪生兄弟。俗话说："鼓空声高，人狂话大。"凡是狂妄的人，都过高地估计自己，过低地估计别人，他们口头上无所不能，评人评事谁也看不起，觉得唯有自己才是无所不能的全才。殊不知，这样下去只能以失败收场，更严重的将是自取灭亡。

三国时期是个人才辈出的时代，其中有个很有名气的才子名叫祢衡。他恃才傲物，目中无人。他经常说除了孔融和杨修之外，"余子碌碌，莫足数也"。即使是对孔融和杨修，他表现得也不是很尊重。祢衡29岁的时候，孔融已经40岁了，他却常常大呼"大儿孔文举（即孔融），小儿杨德祖（即杨修）"。

后来孔融把祢衡举荐给了曹操。见礼之后，祢衡便仰天长叹："天地这么大，怎么竟没有一个能人！"

曹操说："荀彧、荀攸、郭嘉和程昱机深智远，就是汉高祖时候的萧何、陈平也比不了；张辽、许褚、李典和乐进勇猛无敌，就是古代猛将岑彭、马武也赶不上；还有从事吕虔、满宠，先锋于禁、徐晃；又有夏侯惇这样的奇才，曹子孝这样的人间福将。这些都是当今的英雄，先生怎说世上没有能人呢？"

祢衡笑道："您错了！这些人我都认识，荀彧可以让他去吊丧问疾，荀攸可以让他去看守坟墓，程昱可以让他去关门闭户，郭嘉可以让他读词念赋，张辽可以让他击鼓鸣金，许褚可以让他牧羊放马，乐进可以让他朗读诏书，李典可以让他传送书信，吕虔可以让他磨刀铸剑，满宠可以让他喝酒吃糟，于禁可以让他背土垒墙，徐晃可以让他屠猪杀狗，夏侯停称为'完体将军'，曹子孝叫做'要钱太守'。其余的都是衣架、饭囊、酒桶、肉袋罢了！"

曹操听罢很是生气，"你有什么能耐？竟敢如此口出狂言？"

祢衡说："天文地理，无所不通，三教九流，无所不晓；上可以让皇帝成为尧、舜，下可以跟孔子、颜回媲美。怎能将我与凡夫俗子相提并论！"

这时张辽在旁边，拔出剑想要杀了祢衡，曹操阻止了他，悄声

对他说：“我要杀他还不容易？不过这个人名气很大，远近闻名。要是杀了他，天下人必定说我容不得人。我把他送给刘表，看看结果会如何吧。”曹操没有动祢衡一根毫毛，让人把他送到刘表那儿去了。

到了荆州，刘表对祢衡不但很客气，而且“文章言议，非衡不定”。但是，祢衡骄傲之习不改，多次奚落、怠慢刘表。刘表又出于和曹操一样的动机，把他送给了江夏太守黄祖。

到了江夏，黄祖也能“礼贤下士”，待祢衡很好。祢衡也常常帮助黄祖起草文稿。有一次黄祖握住他的手说：“大名士，大手笔！你真能体察我的心意，把我心里想要说的话全写出来啦!”但是，祢衡的狂妄个性丝毫没有收敛，一次祢衡又当众辱骂黄祖，说黄祖“就像庙宇里的神灵，尽管受大家的祭祀，可是一点儿也不灵验”。

黄祖实在下不了台，恼怒之下，把祢衡杀了。

曹操知道后说：“迂腐的儒士摇唇鼓舌，自己招来杀身之祸，死不足惜。”

凡是骄横跋扈的人，必然有某种资本，或是恃才，或是恃宠。然而他却不知道，世间的事情不是一成不变的，三十年河东，三十年河西，有资格能给你恩宠的那个人也是在不断变化的，或者他本人失去权势，那么一切恩宠将全部冰释雪消；或者他的兴趣变化了，你所依靠的资本贬了值，你的恩宠也就衰弱了。

然而恃宠者在春风得意时，是想不到这一点的。他们恣意妄为，傲视一切，为自己树立了一个强大的对立面，一旦时易世迁，对手们群起而攻之，恃宠者不败何待！所以司马迁说：“诸侯因骄人则失其国，大夫因傲人则失其家。”